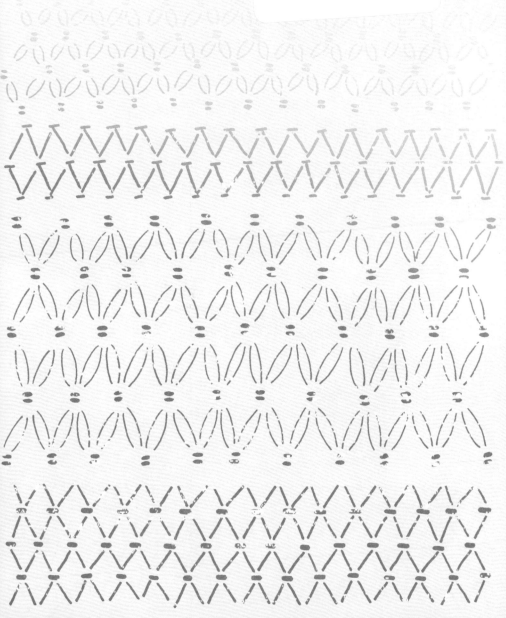

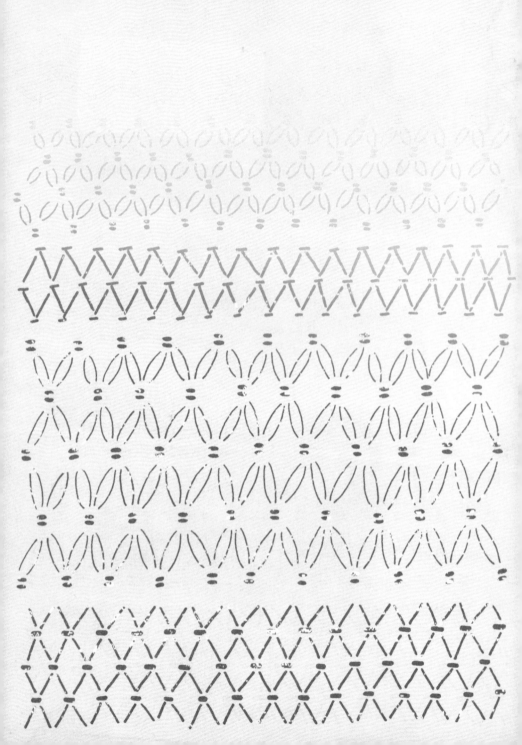

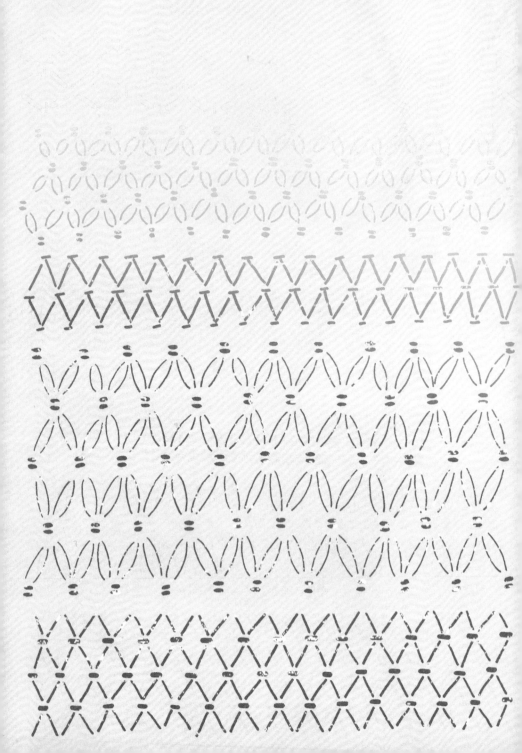

BOOK OF LETTERPRESS

活版印刷の書

手紙社

將活字或是凸版刷上油墨，印壓於紙上的印刷方式即為「活版印刷」。然而這種單純且物理性的印刷方式在數位排版時代來臨後，便逐漸沒落。另一方面，鍾愛活版印刷獨有風情，不願讓它吹熄燈號，而使用活版印刷來進行創作的人們正持續增加中。

藉由在紙張上產生些微凹痕來表達出
線條凜然的強度、活字端正的外觀與油墨斑駁的手感……
曾幾何時，突然察覺到手紙社所收到的DM或是創作者的名片很多都是
使用這種充滿魅力的活版印刷技術所製作。
在本書中將大量介紹名片、店卡、DM及紙類雜貨等活版印刷實例。
為了讓有「活版印刷好像很困難」這樣想法的人也可以輕鬆的嘗試看
看，本書也整理出作業流程與原稿作法。
讓我們來打開可愛、懷舊卻又未知的活版印刷世界大門吧！

開始來玩活版印刷吧

與印刷廠及創作者一起實際使用 「活字版」 「樹脂版」 來製作印刷品吧。
並整理出使用活版印刷親自設計的創作者、 印刷場及工作室的名單等資料以
供初次使用   活版印刷的人作為參考。

· 使用「活字組版」來做明信片吧！

· 使用「樹脂版」製作店卡

· 來去活版印刷交流會

· 活版創作者檔案

· 繁體中文版特別收錄

　日星鑄字行‧走入鉛字的世界

作品資料的檢視法

a. 設計師‧插畫師 b. 尺寸 （天地 × 左右 mm） ／用紙 c. 顏色數
量 d. 加工 e. 製作數量／預算 f. 印刷 g. 設計重點

＊資料於2013年8月由製作者口述提供。印刷品的樣式、印刷價格等在刊登後
或許會有變動。此外，在此只刊登願意被公開的項目。

❶ Art Card

a.RARI YOSHIO b.160×115mm c.單
色 f.SAB LETTERPRESS e.各4,000
張×8種 g.為了能夠作為室內擺飾，
選用有厚度的紙張，尺寸也做得比較
大。另一方面，大量印製是為了在展
示時將紙往上堆疊出高度，展現出呼
應主題的美。

歡迎光臨 Cafe POLKA

Welcome to Cafe POLKA

Illustration：Asako Masunouchi

推開古老咖啡廳的門，響起了懷舊的鈴鐺聲。

站在吧台前的是老闆，還有一位看似常客的女客人。

在菜單上印有手牽著手跳舞的少年與少女。

店名是「Cafe POLKA」。我們就來一探它的小故事吧！

吧台一角，放置著老舊的木製活字與店卡。

老闆打開咖啡袋。
咖啡豆宛如點點圖樣一般鑲嵌在紙袋上，
彷彿在祝福跳著波卡舞曲的兩人。

杯墊上的少女，頭上插著花朵髮飾。
被印在紙巾上的則是她的髮飾與少年的帽子。

臨走前拿起了火柴，

點亮Cafe POLKA小小的燈光。

活版印刷與Cafe POLKA之間的故事

決定在週二造訪Cafe POLKA。週一為公休日，平常日是老闆，週末則是兒子在吧台工作。休假日後的週二通常客人較少、較悠哉，是最適合造訪的日子。

點了冰咖啡後，發現放置在桌上的杯墊與往常不同。

「是我兒子作的喔！」

雖然沒開口詢問，老闆卻這樣回答了我。「喔」我有意無意的回應。這麼說來，這間店的印刷物正一點一滴的改變呢。店卡、菜單、火柴……連咖啡袋上也印有跳著波卡舞曲的少女。

「說什麼想要成為活版印刷師，這間店也許只營業到我這代為止吧！」

老闆有些落寞的笑了。大約在1個月前左右開始，兒子會在這條街上碩果僅存的小活版印刷廠學習活版印刷。咖啡店裡的印刷品應該是練習時的成果。好像是從很久以前就開始製作店裡的印刷物，對於金屬版漸漸產生了興趣而變得熱衷起來。

一面喝著端上來的咖啡，一面觸摸著印刷面帶有些微凹痕的杯墊。即使閉上眼睛，印刷的凹處也能傳達了少女的側臉。意外地在此時我了解到為何他那麼熱衷於活版印刷。

「老闆，最近身體還好嗎？」

一聽到我這樣問，老闆推了推眼鏡，拿起店卡。「最近老花眼很嚴重呢！像是這樣的字都看不到囉！」

這樣笑著回答的店主人，指尖刻劃著Cafe POLKA鮮明的文字。

店卡

使用樹脂版印刷，在褪色般
質地的紙材印上柔和的配
色。
b.91×55cm／bunpel c.2色
f.Tokyo pear

菜單

使用亞鉛版打凹，使主題圖
案以單一色調呈現出濃厚的
印象。B.297×105mm／
GAboard c.2色d.摺紙 f.つ
る九テン

咖啡豆袋袋

使用在菜單出現過的主題樣
式，搭配上咖啡豆圖案印刷
而成。B.80×50×260mm
／市售的咖啡袋 c.2色f.つ
る九テン

Cafe POLKA的活版印刷

在這邊介紹Cafe POLKA所出現使用活版印刷製作的印刷品。可以在現成商品或是
已加工過的材質上印刷，是活版印刷的優點之一。只要改變配色與素材，就可完成
能使用於咖啡店裡的各種印刷品。

Printing：Tsuru9ten／Tokyo Pear／Nagai Shigyo

杯墊

無論是紅×藍的配色或是波
浪狀的邊緣，都很有「咖啡
店」的風格。b.直徑90mm
／空白杯墊 c.2色d.軋型
f.長井紙業

餐巾紙

在現有的成品上使用活版印
刷印上單一主題圖案。
b.140×82mm／市售餐巾
紙 c.2色f.Tokyo Pear

火柴

配合紙張顏色使用泛黃色調
營造出懷舊氣氛。
b.w40×h53×d18mm c.2色
d.盒子使用DIY加工 f.つる九
テン

第 1 章

可愛活版印刷精選

會不自覺想觸摸！？在此介紹可以感受凹凸感與紙張材
質的活版印刷品。
配色、加工、選紙等，或許可從中找到許多靈感喔！

TAKIBI BAKERY

AMERICAN CHERRY TEA

金子 祐美子   Twitter @report6
81dojo_kaneko_omote

株式会社   編集部 記者
パンニュース社 瀬波 陽子
              Yoko Senami

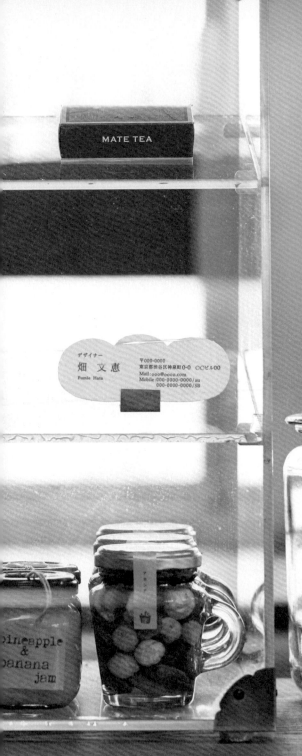

名片・店卡
Business card / Shop card

名片和店卡是非常適合活版印刷初學者的
印刷品。在紙上緊壓出活字或圖案的型態，
即使只有簡單的設計也充滿了存在感。
只用活字組版製作
或是使用凸版加入LOGO等元素也很不錯喔！

❷ Bread Festival 活麵包名片

a.啓文印刷工業 b.約35×91mm變
形／cushion紙 c.單色／單色 d.軋型
f.啓文社印刷工業 g.手紙社所舉辦的
「Bread Festival」活動企劃「小小
活麵包展」中，麵包名片製作講座上
的製作物。在紡錘麵包上使用文字組
版印上名字。

● 手帕品牌
「motta」品形象牌卡

a.品牌經理：杉浦葉子（中川政七商店）、藝術指導：水野 （good design company）、設計：南場杏里（good design company）b.36×78mm／helfair cotton c.3色／單色 f.關西印刷 g.源自手帕品牌，理念是希望可以放在口袋中攜帶至各式各樣的場合，所以設計得像車票一樣。包含照片中的卡片，全部共有7種樣式。

❺ 名片
a.わたなべひろこ （渡邊廣子）
b.90×55mm c.單色 f.佐佐木活字
店 g.以活字印上簡潔的字型、郵遞
區號及電話號碼，以手作感打造成
復古氛圍。

❻ 關西活版俱樂部標籤
a.關西活版俱樂部 b.45×45
mm／GA板 c.1C d. 打孔、
折線 f.啓文社印刷工業

❹ 名片
a.天野美保子（Design
Studio Zu2）b.90×55mm
／graphy CoC crystalwhite
c.活版印刷單色／平板印刷
單色 d.打凹 e.500張（2
版）f.擅長以植物搭配室內
設計而聞名的女性社長名
片，因此非常重視手感，並
以打凹的方式印上充滿童趣
的商標。

❼「Discovery號」名片
a.鈴木孝尚（鞍知on鞍
知）b.55×91mm／特A
Cushion c.單色 f.啓文社
印刷工業 g.由新手攝影師
與企劃共同創立的公司名
片，因此將兩張名片作成
合起來就可以看到一個完
整LOGO的設計。

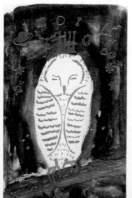

❽ Message Card
a.大久保淳子（Paper
message）b.各90×55mm
c.快速印刷＋活版印刷單色
f.Paper message g.使用快
速印刷印製插畫部分，月亮
跟星星則使用活版印刷印出
彷彿漂浮於夜空般的感覺。

❾ TAMEALS 店卡

a.藝術指導&設計：高谷 廉、插畫：齋藤州一 委託人：Conception b.84×100mm／sebiro c.2色／單色 d.軋型、摺紙 e.10,000張 f.啓文社印刷工業

タミルズコーヒーがおいしいわけ。それは、日本唯一の焙煎方法「薪火焙煎」にあります。やわらかい熱でゆ〜っくりと 丁寧にローストするから、豆本来の旨味と薫りがとっても豊か。焙煎所より直送の 豆で淹れるコーヒーは香ばしくスッキリとマイルドに。 それに、薪には間伐材を使っているので、 私たちの環境にもやさしいのです。さぁ今日も、淹れたての一杯いかがですか。あなたの毎日に、タミルズコーヒーを。

⓫ 名片

a.丸山晶崇（circle-d） b.91×55mm／halfair c.2色 e.200張 f.大伸 g.個人外燴服務業務用名片。以盤子與筷子為主題，使用大面積直壓，並善用活版印刷色彩不均勻的特色給人柔和的印象。

高橋春輝

000-0000
東京都八王子市
大和田町0-0-0 000
000-0000-0000
ooo@oooo.com
twitter ID : Halrookow

❿ tito店卡

a.秋山香奈子、小野奈奈 b.41×91mm／araveal white c.1色×3種 d.金邊 e.1,000張（3種）f.PAPIER LABO.

tito

ZOZOTOWN ORIGINAL SELECT SHOP
clothes, accessory, shoes, interior...

★ HP : http://zozo.jp/shop/tito/
★ SHOP BLOG : http://people.zozo.jp/titotito/

Darren Smith
Graphic Design

ooo@oooo.com
ooo-oooo-oooo

Tokyo Pear
スミス 恵梨子
ERIKO SMITH

ooo@oooo.com
tel/fax: 048-501-6956
www.tokyopear.com

⓬ Tokyo Pear 名片（左）
a.Tokyo Pear b.55×91mm／
cushion紙 c.單色 e.100張
f.Tokyo Pear

⓭ Tokyo Pear 名片（右）
a.Tokyo Pear b.55×91mm
c.單色e.100張 f.Tokyo Pear
g.簡單的設計再搭配上橘色字
體讓人印象深刻。在此選用
了能充分展現出活版印刷特
色的紙張。

⓮ 名片
a.木村幸央 b.55×90mm／越
前和紙單張手作毛邊紙 c.單色
C g.使用在地紙材「越前和
紙」，並以設計帶出質感。此
外設計上也非常適合販賣器具
與生活雜貨店家的氛圍。

橋 本 和 美
Kazumi Hashimoto

ロ ク

606-8392 京都府京都市左京区聖護院山王町18番地メタボ岡崎101
101 Metabo Okazaki Bldg. 18 Sanno-cho Shogoin Sakyo-ku Kyoto 606-8392
Phone/Fax 075-756-4436
Mail kazumi.hashimoto@rokunamono.com
URL www.rokunamono.com

carbon

出来 忍
shinobu deki

〒000-0000
大阪市中央区谷町
0-0-0
tel 00-0000-0000
fax 00-0000-0000
www.kjsystem.net/carbon
ooo@oooo.net

⓰ 名片
a. 丸山晶崇（circle-d）
b.91×55mm ／ halfair
c.2色 e.200張 f.大伸
g.使用粘土進行繪畫創
作的作家兼插畫家名
片。為了讓人與作品的
印象聯想在一起，在名
片下半部使用白墨直
壓，營造出粘土的質
感。

郵便番号
長野県塩尻市桟敷oo
ooo@oooo.ne.jp
○○○・○○○○
○○○○
○○○○
○○○○

野
村
剛

⓯ 名片
a. Winged-wheel b.變形／開刀模 c.單色 d.軋型
f. Winged-wheel g.為配合在直式名片上橫向書
寫的設計，以長頸鹿圖案為主題進行軋型。

❶ Black bird White bird 店卡（右）
a.設計：fancomi、插畫：山崎美帆 b.各
90×55mm／ecorasha c.單色／單色
e.500張 f.りてん堂 g.整體設計讓插圖所展
現的氛圍更加生動、高雅。為了呼應店
名，店卡使用了黑色與白色兩種紙張。

❶ Black bird White bird 名片（左）
a.設計：fancomi、插畫：山崎美帆 b.各
90×55mm／ helfair c.單色d.使用DIY方
式在名片上印金邊 e.2000張 f.りてん堂

⑲ 名片

a.木村哲也（土與創造社）
b.91×55mm c.2色 e.400張
f.櫻之宮活版倉庫 g.利用活
版在兩面製作出層次。

⑳ 名片

a.清水悟 b.91×55mm／
araveal c.單色 e.200張／
12,915日圓 f.Printed
Things g. 統一LOGO的部
份，工作室人員3人的名
字、資料則配合個人風格選
擇不一樣字體。

㉑ 名片

a.大久保淳子（Paper
message） b.90×55mm
c.單色d.燙金 f.Paper
message g. 使用樹脂版重
現手寫文字。星型主題圖案
則使用燙金來作為重點。

㉒ 名片

a.川島枝梨花
b.90×55mm c.單色／單
色 f.Printed Things g.在名
字那面省略頭銜，盡量簡
單。背面則印上藍雪花的
素描。展現藝術家名片特
有的風格。

志 ZUKI 店卡
a.啓文社印刷工業 b.50×90mm
／fulittar c.單色 f.啓文社印刷工
業 g.在觸感鬆軟的紙張上，使
用活版印刷印上食器及生活用
品的剪影。

志ZUKI

open 11:00～18:00
close 日曜・月曜・火曜

669-1321
兵庫県三田市けやき台5丁目19-12
http://www.eonet.ne.jp/~shizuki/
TEL 079-562-0760

あちらべこちらべ名片
a. あちらべ b.91×55mm／從右邊
開始A Cushion、OK float、fulittar
c.各單色 e.各300張 f.佐佐木活字
店 g.以「べ」一字為重點，將意
味著往那邊去的「あちらべ」放在
外側，往這邊來的「こちらべ」放
在內側，並以稍微位移的鉛製活字
組成。

名片
a.小瀨惠一（櫻之宮活版倉
庫）、柴田惠 b.91×55mm
c.單色 e.300張 f. 櫻之宮活版
倉庫 g.因為是活版印刷師父的
名片，直接將作業台的線條做
成印刷版來表現職人的工作。

名片
a．赤塚桂子（Keiko
Akatsuka&Associates）b.90×55mm
／pulper c.2色C e.300張 f.松井印刷
g.因為喜愛島嶼，使用了藍色給人海的
印象，並加入島嶼植物為主題插圖。

㉗ Meat & Bakery TAVERN
店卡兼杯墊

a.藝術指導：高谷 廉、設計：山中良俊、插
畫：西田真魚、委託人：Conception b.變形
／Cushion紙（コクシン公司）c.2色／單色
d.軋型 e.15,000張 f.啓文社印刷工業

写真家
ユカイハンズ
青山裕企
Yuki AOYAMA

1978
1998
2000
2001
2002
2004
2005
2007
2008
2011

000-0000
東京都渋谷区
代々木0-00-0
○○○ビル00号室

00-0000 0000
000 0000 0000
000 0000 0000
http://yukiao.jp
http://yukiao.jp
ooo@oooo.jp
http://yukaihands.jp
ooo@oooo.jp

㉘ 名片

a.あちらべ　b.55×91mm／特A Cushion c.2色／2色 e.1000張 f.佐佐木活字店、あちらべ g.利用一個組版來表現出兩個身分的名片。兩面都使用同一個版印刷，再使用刪除線把各身分所需要使用的資料留下。

㉙ 商務卡

a.りえ＆のんこ（Bloom,Inc.）
b.88×44mm／helfair cotton、麻 c.各2色 f.Bloom,Inc. g.每位員工的名片都使用了不同的植物做設計。

㉚ 名片

a.佐藤一樹（AUI-AO Design）
b.55×91mm／helfair c.2色 e.200張 f. 大磯活版印刷發信室 g.把用剩的名片需要修改的資訊大膽的使用紅色重新印刷。

㉛ 小嶋商店 名片
a.藝術指導＆設計：松原
秀祐、委託人：小嶋商店
b.55×90mm／fulittar
c.單色／單色 f.啓文社印
刷工業 g.將燈籠老店的商
標用力壓印在雅緻的紙
上，表現出強而有力的存
在感。

㉜ 名片
a.山本洋介（MOUNTAIN
BOOK DESIGN）
b.80×55mm／firstvintage linen
c.單色 e.200張 ／10,000日圓
（僅印刷與加工費用）f.啓文社
印刷工業 g.因為是個人創業的
第一版名片，以「開啓新門扉
的意志」與「收到名片的人在
門的另一側」為印象的有趣設
計。透過被反轉的版與透明墨
水的印刷，讓設計有浮出紙面
的效果。

㉞ 牙醫名片
a.啓文社印刷工業
b.91×55mm／fulittar c.2色
d.導圓角 f.啓文社印刷工業
g.在名片左上角使用透明墨水
來表現出蛀牙的破洞，並且統
一使用圓潤的設計來增加牙醫
師的親和力。

堂森知博
TOMOHIRO DOUMORI
Account Planner/Context Planner
213 0013 川崎市高津區末長000-0○○○○609
SCHIRMBERG 609, SUENAGA189-1,
TAKATSU,KAWASAKI JAPAN 2130013
t.doumori@oooo.com
08036X83XX1

㉝ 名片
a.江口美知子（hoa）
b.91×43mm／araveal c.單
色 e.100張 f.啓文社印刷工業
g.依照「只有文字、簡單好
看」這樣要求所設計的。使
用文字組與活版、紙的印刷
與尺寸感覺表現出想要傳達
的資訊與印象。

stationery cafe
konohi

吉川暢子
Nobuko Yoshikawa

〒 000-0000 静岡県掛川市家代000-0
tel 000-0000-0000
mail ooo@oooo.ne.jp
blog http://konohi.hamazo.tv/

㉟ stationrey cafe konohi 名片
a.吉川暢子 b.55×90mm／halfair
c.單色 e.100張 f.啓文社印刷工業
g.因為是文具店的店卡，因此模
仿信件設計。

歯科医師
外賀泰
げ
が
たい

（医）岩月歯科医院 in 岸和田市
☎ 000-000-0000
📱 000-0000-0000
✉ ooo@oooo.com

⑥ IMOS Design
English Card

a.福田惠子（IMOS Design）
b.55×91mm／fulittar c.單色 e.100
張 f.啓文社印刷工業 g.由柔軟的
fulittar紙質與工整的字體所組成。
紙本身的質樸感與上方大大的名字
是設計重點。

⑦ Kikyu 名片

a.前崎成一(Design studio SYU)
b.55×91mm／手造楮紙 c.單色
d.軋型 f.森田印刷所 g.活用就算加
壓也不會透到背面的和紙特性。

⑧ die Welt 名片

a.平山小夜子 b.55×90mm／
fulittar c.2色 d.打凹 e.200張 f.啓文
社印刷工業 g.兼具身在國外工作也
可以推廣日本技術與日本人材功用
的名片，使用以日本為中心的世界
地圖為主題。

39 Knoten 店卡「點點」
a.設計：knoten、插畫：
yuri b.90×50mm／bolda
淺灰 c.2色 f.knoten

40 knoten店卡＆名片
「12星座」
a.設計：knoten、插圖：yuri
b.各90×55mm／從右開始：
描圖紙、STARDREAM
Aquamarine c.單色~2色
f.knoten g.為了或多或少能
傳達屬於Knoten卡片的氛
圍，因此採用了實際使用在
卡片上的圖案及活字。

41 Knoten 店卡＆名片
「蜂巢」
a.設計：koten、插畫：巢／伊
藤真理子、蜜蜂／yuri b.各
90×55mm／從左開始：GA
file 灰色、嵯峨野工房的毛邊和
紙、deepmatte c.1色~3色
f.knoten

little known
卡片・名片

a.秋山香奈子
b.70×50mm／特
A Cushion＋
OKAC Card 較薄
c.單色 d.貼合
f.PAPIER LABO.

little known

http://little-known.net

daily life
favorite things
trip

kanaco akiyama
mail:[info@little-known.net]

sometimes sells

stationay,sewing,accessary,
table wear,interior,other...

摺紙名片

a.あちらべ b.110×110mm
／薄曼陀羅和紙 較薄（純
白） c.各2色×5 d.摺紙
e.200張 f.あちらべ g.活用
印刷之後會在邊緣出現壓線
的紙版特徵,已表現摺紙的
摺痕。透過「摺」這個動作
呈現很具日本風情的摺紙形
式名片。

村上玲子

Reiko Murakami
000 0000 0000
ooo@oooo.com
www.oomishima.petit.cc

村上玲子

OFFICE
MUZZLE
JUMP
http://www.muzzlejump.jp

Name.
Takasaka Koji

Mobile.
000-0000-0000

Tel & Fax.
000-000-0000

Mail.
000@oooo.jp

Address.
〒000-0000
愛知県名古屋市東区泉0丁目00-0 ○○ビル 00

❹ 「MUZZLE JUMP」名片

a.鈴木孝尚（鞍知on鞍知）b.91×55mm／特
A Cushion c.2色 f.啓文社印刷工業 g.以客戶
喜好的橘色為主色，並搭配上紫色的設計。

❺ CONTRASTO 店卡

a.丸山晶崇（circle-d） b.75×150mm／halfair
c.單色 d.摺紙 e.2,000張 f.大王社 g.販賣手做
器皿店家的店卡。使用活版印刷大面積直壓茶
色印刷。每1張都不盡相同，非常具有手做感
的設計。

JUNICHI
OGAWA
0-00-00Kamakursyama Kamakura-shi
Kanagawa, 000-0000,Japan
TEL / FAX 0000-00-0000
ooo@ooo.ne.jp

http://junichiogawa.com

❻ 仿布標名片

a.赤松智子（赤松設計
事務所）b.91×55mm
c.單色／特A Cushion
e.300張 f.啓文印刷工業
社 g.以布標或西洋書籍
為概念，活用空白處讓
簡單的設計也能讓人留
下深刻的印象。

❼ GRILL OGAWA 店卡

a.田中俊行 b.90×55mm／ GAboard
c.單色 f.啓文社印刷工業 g.為了表現出
餐廳古典的氛圍，使用典雅顏色的紙材
搭配透明油墨，表現出皮製品的感覺。

a.福田利之 b.各148×100mm
GAkenaf c.3色〜2色 d.打凹
e.各500張 f.啓文社印刷工業
g.以便當盒為主題的明信片4
入組合。白飯的部份以打凹
的方式呈現。

明信片 · DM · 邀請卡

Post card / DM / Invitation

寄給朋友的明信片、展覽介紹、喜帖等，
如果使用活版印刷來製作的話，
收到的人似乎就會格外珍惜喔！
請務必參考接下來介紹作品的加工創意，
以及與平板印刷的結合搭配。

49 イイダ傘店・雨傘展
「平成二十二年秋」的通知函

a. イイダ傘店 b.230×120mm c.平板
印刷4色＋活版印刷單色／單色 g.使
用平板印刷印好織品紋路後，文字部
分與背面再使用活版印刷完成。

50 「LIVR：ART」DM
a.大久保淳子（Paper
message）b.A4 c.2色
f.Paper message g.使用
單色墨水將全部設計圖案
疊印在點點紋路上。

51 Seki yurio・
四季活版明信片書
a．Seki yurio（ea）
b.170×120mm／書封：araveal
本文：厚紙板、彩色卡紙 粉紅
色、milcarton NA 米色等 c.書封：
3色、本文1～4色等 f.本文：東海
印刷、書封・封面：露木印刷、扉
頁：伸榮 g.內含20種圖案的明信
片書。為了凸顯出活版印刷特有的
觸感與凹凸，印刷時特別仔細調
整。此外，為了降低成本，選用了
很有意思的紙材。

52 桃花源明信片
a．あちらべ b.148×100mm／
GAboard c.單色 d.附胸針 e.300張
f．あちらべ g.和正準備要進入災區
幫忙供給咖啡的咖啡店老闆在出發
前討論後，將傳真過來的草圖直接
製版印刷。這筆收入全數捐給老闆
當交通費。

53 Thanks Card
a.丸山晶崇（circle-d）b.100×148mm／
halfair c.單色 e.500張 f.大王社 g.平時需
要寫封簡短訊息的場合很多，因此製作了
針對各種用途並附上確認方框的感謝卡。
只需打勾確認就可展開雙方的對話。

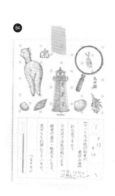

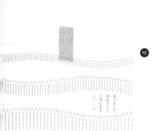

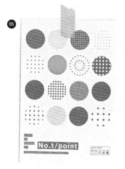

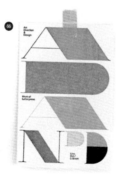

❺❹ 活版體重計
a.佐藤一樹（AUI-AO Design）
b.100×148mm／特A Cushion
c.2色＋打凹／單色 d.打凹 e.各
500張 f.大磯活版發信室 g.舊式
體重計，仔細看還可以看到上
面有腳印喔！

❺❺ 展示DM
a.九ポ堂 b.148×100mm／王
子製紙出品的彩色liner 黃色
c.3色 f.九ポ堂 g.在黃色紙上使
用白色墨水印刷。

❺❻ 賀年卡（橘色的樹）
a.天野美保子（DesignStudio
Zu2）b.148×100mm／fulittar
c.平面印刷單色+活版印刷單色
／單色 e.300張 f.啓文社印刷工
業 g.被當做地震隔年的賀年卡
使用的問候函，因掛念災區當
地及友人，因此以充分散發溫
暖心情的卡片為製作概念。

❺❼ Power of KAPPAN art
a. 丸山晶崇（circle-d）
b.148×100mm／plike c.單色×4
種 e.各100張 f.大伸 g.為了活版
印刷活動所製作的。為了測試活
版印刷的極限，各以點‧線‧
面‧為主題，挑戰到底能夠印到
多細微的程度。4種設計各以4種
顏色的紙材，再搭配上金‧銀‧
白‧螢光橘印刷，來測試墨水的
顯色度。本款就是其中的白色印
刷。

❺❽ 髮型工作室DM
a. 伊庭 勝（tramworks）
b.80×250mm／cushon紙 c.4色／單
色 f.啓文社印刷工業 g.以美髮給人繽
紛又纖細的印象為概念，在有厚度的
cushon紙上使用活版印刷來表現出溫
暖與立體感。斜線的部分在觸摸後，
會讓人聯想到用來梳頭髮的梳子。

❺❽ 「月光商店街」明信片
a.九ポ堂 b.148×100mm／
halfair c.單色 f.九ポ堂g.以虛構
的商店街為主題的明信片系
列。使用電燈泡比喻。

❺❾ 草莓
a.川島枝梨花 b.95×140mm
c.單色 d.摺紙 f.Printed Things
g.以活版印刷特有的凹凸感表
現草莓籽的感覺。

❻⓪ 赤星七寶
a. Ladybird Press
b.154×214mm／halfair c.3色
d.摺紙 e.150張 f. Ladybird
Press g.在小小的七寶圖案內置
入了小小的紅色圓點。

❻❶ 「冰晶」明信片
a.設計：knoten、插畫：菅野
英子 b.100×148mm／
STARDREAM 祖母綠色 c.單色
f.knoten g.冰晶就要融化了，以
壓花的方式保留住這份虛幻做
概念。為了充分展現出透明
感，墨水與紙材都選用閃閃發
光的材質。

**❻❷ 2012年啓文社印刷工業賀年
卡。**
a.盛雅彌子 b.100×148mm／特
A Cushion c.2色 f.啓文社印刷工業
g.用「人」這個漢字與（）符號的
組版來表現出該年的生肖－龍。

❻❸ 初夏庭園
a.宗則和子（botaniko press）
b.107×154mm／環保間伐紙 c.單
色 f. botaniko press g.慎重的考慮
植物的配置與高低。顏色則是使
用了讓人能夠感覺清爽的混色。

❻❹ つる9テン活動DMDM
a.設計：九ポ堂、插畫：つるぎ堂‧
九ポ堂‧Knoten b.148×100mm
／Sirius c.2色 f.橫尾壽永堂 g.設計
成暑假繪圖日記風格。

❻❺ Power of KAPPAN art
a. 丸山晶崇（circle-d）
b.148×100mm Plike c.單色
×4種 e.各100張 f.大伸 g.與
57為同系列設計。為實驗4色
紙材搭配上4色墨水的顯色
度。而本作品則是以金‧銀‧
白‧螢光橘四色中的螢光橘作
為印刷色。

❻❻ 賀年卡
a. 谷 廉 b.148×100mm／ハ
ーフエア c.2C e.150枚 f.啓
文社印刷工業

❻❼ 「椋樹與雪」明信片
a.設計：knoten、插畫：yuri
b.100×148mm／ Miranda 藍色
c.2色 f.knoten

❻❽ 「月光商店街」明信片
a.九ポ堂 b.148×100mm／
halfair c.單色 f.九ポ堂 g.以虛構
商店街為主題，描繪出各種店
家。

MAR.
2013
STARTING!

EIKO SATO
KAYUMI KAWAZOE
KYOHEI SASAMOTO

ilumini.inc.

70 Birthday Card

a.木下綾乃 b.170×120mm／cushion紙 c.2色＋打凹 d.打凹 f.啓文社印刷工業g.遠遠地看並不會察覺，等收到時就會發現有使用著打凹印壓出禮物、花束與祝福的話語。是藏著驚喜的設計。

71 「第二屆東京跳蚤市場」講座明信片

a.山本洋介（MOUNTAIN BOOK DESIGN） b.148×100mm c.6色 d.燙金 f.手指社所舉辦的活動「第二屆跳蚤市場」會場內講座使用 g.活版印刷搭配上打凸、燙金的組合方式。

72 2010年、賀年卡

a.ズアン課 b.148×100mm／紙版 c.孔版印刷2色＋活版印刷單色 f.活版印刷：中村活字、孔版印刷／レトロ印刷JAM g.因為受到日文活字大小的限制，因此使用漢字的「部首」與「邊」組合成較大的文字。

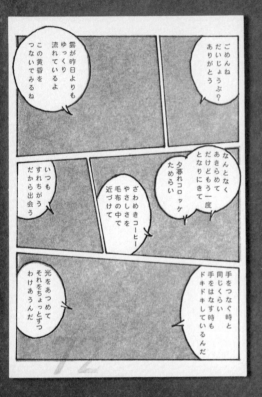

● 還沒有名字的顏色
a.藝術指導＆設計：高谷 廉、文字：武田こうじ、委託人：荻窪活版室
b.148×100mm／ cushion紙（コクシン）c.2色 e.150張 f.啓文社印刷工業

❼⑤ 關西活版印刷俱樂部
KAPPAN MESSE 2011 DM
＆入場券

a.G-graphics b.DM:A4、入場
券：185×42mm／fulittar
c.DM：2色／2色、入場券：單
色 d.入場券有做騎縫線加工 f.啓
文社印刷工業 g.入場券撕下後還
可當做書籤使用。

❼④「BREAD FESTIVEL」
講座明信片

a.山本洋介（MOUNTAIN BOOK
DESIGN）b.148×100mm c.6色
f.手紙社所舉辦的活動「BREAD
FESTIVEL」場內講座用明信片 g.因
為講座上有6台圓盤機，因此設計成
壓6次就可以完成圖案的作品。

❼⑥ 花與貓

a.西淑 b.148×100mm
C.2色 f.knoten g.花朵
中央散步著細小的圖
案，是一張觸感很有
趣的畫。

❼⑦ 夜之森

a.西淑 b.148×100mm c.2
色 f.knoten g.增加許多細
線，是一張凸顯活版印刷
凹凸觸感的畫作。

78 眼鏡人
a．柴田ケイコ
b．120×235mm／
cushion紙 c.2色 e.500
張 f.啓文社印刷工業
g.在描繪帶著眼鏡人
們的氛圍及署名面的
眼鏡配置上下了很大
的功夫。

79 新藤家 賀年卡
a．新藤敦子（albus）
b．100×148mm／halfair
cotton c.平板印刷4色＋活
版印刷單色 e.100張／
20,000日圓 f.啓文社印刷工
業 g.為了呼應文字而使用
簡單的照片，活版印刷的
凹凸感讓照片的氛氛更加
快樂。

80 賀年卡兼事務所搬家通知
a.CosydesignStudio b.約
145×136mm變形／fulittar
c.單色／單色 d.軋型 f.啓文社
印刷工業 g.因為同時兼具搬
家通知功能，因此以房屋為主
題。使用觸感特殊的紙質搭配
上活版印刷的凹凸感，營造出
家的氛圍。

81 賀年卡＆搬家通知
a.川村哲司（atmosphere ltd）
b.210C×110mm／ cushion紙
c.2色 f.啓文社印刷工業g.因為
搬遷至同一棟建築物內，希望
搬到哪間房間能讓人一目了
然，因此將房間號碼以讓人印
象深刻的方式呈現。剪下下
方，即可當作名片使用。

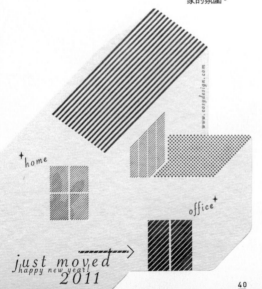

ポケットの中でパンを食べる（フランスのことわざ）
→欲は欲深いやつだ

© びんもちまなぶ

82 麵包的誕生明信片

a.林舞（麵包與洋蔥）b.148×90mm／上質紙 c.單色+印台的顏色 d.手蓋印章 e.100張／6,000日圓 g.在活板印刷上以手蓋印章的方式，增加斑駁色彩更添質感。

On the invitation:

ℰℳ

*You are cordially invited to celebrate
the wedding of*

*Masako Ogihara
and
Stephen Bradford Green*

*On Saturday afternoon
the first day of June
at two o'clock*

*9-9-99 Nakameguro, Meguro-ku,
Tokyo JAPAN
followed by a reception*

2013

Access

83 Wedding Invitation

a.藝術指導與設計：池上直樹（kotohogi Design）、插畫：野澤真弓 b.信封：210×100mm 邀請函、本體、地圖等：205×90mm、留言卡：90×55mm等 c.單色至5色 d.軋型 f.啓文社印刷工業 g.以使用了薄荷綠色的繡球花、芍藥與燕子的插畫，作為本場婚宴的主視覺，希望用以布置婚宴會場。為了呈現復古的印刷感，不選擇燙金而是用金色油墨來表現。

84 喜帖

a.木村紘子 b.148×100mm c.活版
印刷2C＋透印版印刷1C d.折線
e.70枚 f.Paper message

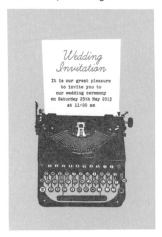

85 婚宴座位表

a.博多商會
b.200×200mm／
patronen paper c.平板印
刷單色+使用滾筒刷出7種
顏色的墨水 d.打凹 f.文林
堂 g.請實客從7種顏色中
挑選出喜愛的顏色，為了
讓賓客在進入會場前都保
持興奮感，在形狀及色彩
上都特別用心。新郎&新
娘的插圖使用活版印刷作
打凹效果。

86 喜帖

a.山本洋介（MOUNTAIN BOOK
DESIGN） b.特A Cushion c.單色／
雙色 f.啓文社印刷工業 g.在有厚度的
紙材上用力印壓，強調線條紋路。

87 座位表・感謝卡

a.啓文社印刷工業 b.座位
表：160×160mm／
MERMAID、描圖紙、
araveal、卡片：65×65mm
c.2色 d.打鉚釘 f.啓文社印
刷工業 g.以名字的羅馬拼音
縮寫設計成原創logo，在簡
單的設計中增添視覺重點。

川島枝梨花
バードウォッチング
2010.6.1 tue - 6.12 sat
12:00~23:00 (6.6sat, 3.9tue23:30.00まで)
ララバイ
東京都渋谷区恵比寿西2.3.11.102
tel 03.6416.9756
http://www.lalabye.jp/

鳥を見つめて描いためたスケッチを元に、
暮らしの中で使える物を作って
展示即売いたします。
食堂バーの為、貸切の場合があります
ララバイHPでご確認の上お出かけください。

http://tokyoparadise.jp/

● 個展「賞鳥」DM
a.川島枝梨花 b.148×100mm
c.單色 f.Printed Things g.天鵝
插畫再加上在單面印上所有情
報的簡潔設計。

兒童餐與工作室in 食堂Souffle

● ❷ 周年記念 DM
a.あちらべ　b.148×100mm
／halfair 亞麻色 c.僅打凹
d.打凹 e.500張 f.中村活字
g.打凹處只要用色鉛筆上色就
會浮現出訊息的巧思。是店員
自動自發向客人傳達感謝之意
的DM。

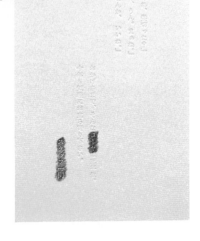

● Greeting
a.丸山晶崇（circle-d）
b.148×200mm／特A
Cushion c.單色 d.軋型、
切曲線、摺紙 e.1,500張
f.大伸 g.遷移通知與配合
遷移所舉辦的展覽DM。
名為「Greeting」的展覽
主題可以從卡片外面清楚
看見，同時也可以當做遷
移的招呼使用。代表結緣
的5圓郵票用貼紙代替並
用來封住卡片。

● 兒童餐與工作室in 食堂Souffle
a.やぎともひろ（art）b.A6 c.活版
印刷單色＋／平板印刷單色 f.在平
板印刷的插畫上重疊印上同色活版
印刷，表現出質感與描繪的對比。

92 串燒店菜單

a.ハヤシジュンジロウ
（hayashi graphics）
b.360×102mm／特A
Cushon c.單色 d.軋型
f.啓文社印刷工業 g.為
了「就是想要做成香
檳」的菜單，設計成接
近香檳瓶子實體大小。
將圖像化的店名「63」
以各種SIZE像氣泡般呈
現，演繹出令人興奮的
效果。

LET ME EXPRESS THE GREETINGS OF THE SEASON.
MAY THIS YEAR BE HAPPY AND FRUITFUL.
I LOOK FORWARD TO YOUR CONTINUED GOOD WILL
IN THE COMING YEAR.

93 賀年卡

a.SAB LETTERPRESS b.90×154mm
c.2色／單色 g.跟聖誕卡相同，依照往年
所使用的2種印刷色作為主題。

94 shunshun素描展 邀請函

a.設計:shunshun・よごたよしか共同創作、插畫：
shunshun b.插畫：271×196mm／VENT
NOUVEAU、文字：271×196mm／glassine（玻璃
紙）c.平版印刷單色／活版印刷打凹 e.600張 f.松井
印刷 g.在薄如風般的信封印上所有展覽會的資訊，
內容物則只有圖畫與文字。圖畫以打凹的方式呈現，
疊上印有文字的玻璃紙，表現出立體感與空氣感。

95 稀鬆平常的日子裡有著什麼樣的風
景呢？ 大原溫＋東端桐子

a.TAKAIYAMA inc. b.180×130／cast
coated c.平版印刷2色＋活版印刷單色
f.江戶堀印刷所 g.先使用紙版印刷，再與
角落使用金屬板活版印刷作搭配。

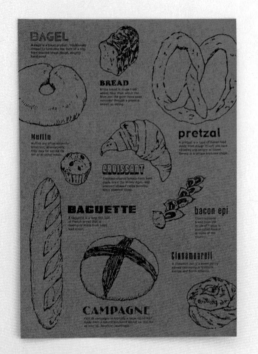

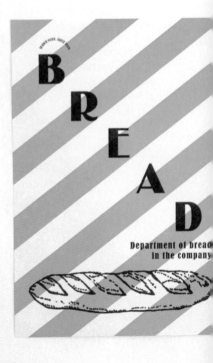

● 麵包展的海報

a. 松崗賢太郎（TRITON
GRAPHICS）b.B4 c.2色 f.啓文
社印刷工業 g.「如果麵包店要
製作海報的話……」以此為主
題，兩種場合的設計為基礎，
挑戰活版印刷應用的極限。

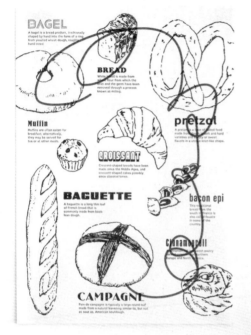

紙製雜貨

Message card / Letter paper / Coaster etc.

看見、觸摸到乃至於使用後,會更加喜愛的
活版印刷紙類雜貨。從貼近生活的活版印
刷,如杯墊、卡片或信紙組等文具用品到有
些不常見的品項,在此介紹創意滿分的實際
案例。

07 粹更×Otogi Designs使用
活版印刷製作的紙壁掛鐘

a.Otogi Designs b.直徑
130mm c.單色 d.軋型、打洞
g.以復古懷錶為藍本的紙製時
鐘。只要在紙製的文字版上
裝上附屬的零件，就可作成
能到處吊掛的好用時鐘。

98 阿爾卑斯「專輯」CD包裝
a.設計：西 香、插畫：西淑
b.130×132mm／厚牛皮紙 c.2
色 d.包摺 e.500套 f.啓文社印刷
工業 g.為配合民族風女子二重唱
「阿爾卑斯」的氛圍，做出配合
音樂，宛如繪本般的設計。

99 柴犬一筆箋
a.山本めぐみ（el oso
logos） b.160×75mm
／OK adonis70 c.各2色
d.糊頭 f.啓文社印刷工業
g.超喜歡柴犬。也因為
喜歡活版印刷的文字，
因此特地加上了一句
話。

🔟 咖啡濾紙生日卡
a.多田陽平（つるぎ堂）b.市售咖啡
濾紙的尺寸／內附的卡片：halfair
c.各單色 d.將卡片裁切成可放進咖啡
濾紙的尺寸 f. つるぎ堂g.在咖啡濾紙
上使用活版印刷。

🔟 Machikusa博士信紙組ト
a.やぎともひろ（art）b. 114
×162 mm／graftpaper DuPre
c.單色

🔟 蘋果卡片
a.堀口尚子 b.55×91mm／cushon紙
c.單色 f.啓文社印刷工業 g.設計成正
反兩面圖案互相連動的形式。

MAKI
BAISEN
COFFEE

THE ORIGINAL
ROASTED
PREMIUM COFFEE

珈焙新
琲煎火

103 MAKIBI RBAISEN COFFEE
咖啡豆包裝

a.藝術指導＆設計：高谷 廉、委託
人：expe b.鋁箔鍍膜牛皮紙袋 c.2色
e.5,000張 f.啓文社印刷工業。

104 活字筆記本

a.設計總監：大澤伸明（大伸印刷）、うちきばがん
た（@grounder）、大崎善治（SakiSaki）
b.55×175mm／deepmatte、modern craft、OKbright
等 c.2色 d.線圈加工（カキモリ）e.100套 f.大伸印刷
g.使用活字尺規作為裝飾，是針對喜歡活版印刷的族
群設計，充滿玩心的筆記本。

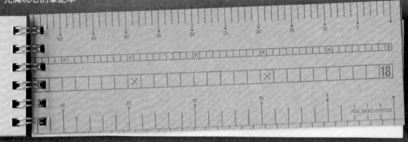

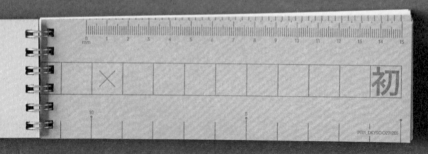

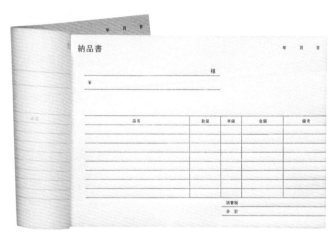

⑮ 活版印刷製作的
提貨單
a. Paper message
b.148×210mm c.單色
d. 糊頭 f.Paper
message g.使用組版
印刷製作的提貨單。簡
樸的線條充滿魅力。

⑯ 對摺訊息卡
a.西淑 b.110×115mm ／ cushon紙 c.2色／
單色 d.摺紙、導圓角 f.啓文社印刷工業 g.在
卡片內部使用白色墨水隨性的印上花紋。

⑰ 活版印刷借書卡
a.佐藤一樹（AUI-AO Design）
b.124×75mm／里紙 c.單色 e.各600
張 f.大磯活版發信室 g. 設計成歸還
友人書籍時的訊息卡片。

⑩ 感謝卡

a.川島枝梨花 b.100×75mm c.活版
印刷單色+孔版印刷3色 f.嘉瑞工房
g.先將選好的英文活字在印刷廠先組
版印刷，再用孔版印刷將圖案印上。

⑩ THREE FAVORITES

a.megro press b.125×90mm
／棉紙 c.3色 d.摺紙 e.30張
g.依照季節與心情選擇3種圖案
做搭配設計。手繪線條與繽紛
的顏色讓活版印刷的特色更加
生動。

⑪ 活版寶石 耳環

a. otogi designs b.約39×29mm
變形 c.單色 d.軋型 g.與耳針、項
鍊一同發表的企劃，使用活版印
刷表現寶石光輝的紙製飾品。

⑩ 活版印刷訊息撲克牌

a.佐藤一樹（AUI-AO Design）
b.91×55mm／ halfair c.各單色 d.導圓角
e.各500張 f.大磯活版發信室 g.使用鮮明
的色彩。國王拿著鉛筆，而皇后拿著紙。

⑫ 攝影師事務所請款單信封

a.伊藤勝（tramworks） b. 235 ×
120mm白色開窗 c.單色 f.啓文社印
刷工業 g.搭配現有的文件所製作的
事務用信封。為了不要太制式化，
因此使用活版印刷增加設計感。又
因為是消耗品，因此盡量壓低預
算，完成讓人能印象深刻的作品。

113 Imakokoro
a.設計・文章：大崎善治
（ＳａｋｉＳａｋｉ）
b.91×55mm／helfair
cotton c.單色 e.ver1:100
組、ver2:220組 f.ver1：
大伸印刷、ver2：自己
印製 g.使用原本就擁有
說明圖畫意義的塔羅牌
以使用文字作成的視覺
詩表達。現在正在規劃
第三版。

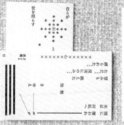

⑭ 活版杯墊

a.佐藤一樹（AUI-AO Design）b.直徑90mm／杯墊原紙 c.各單色／單色 e.各500張 f.大磯活版發信室 g.選擇吸水性重的紙材，希望使用者能享受活版印刷特有的凹凸感與斑駁的差異性。

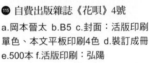

⑭ 紅包袋

A.前崎成一（Design studio SYU）b.各268×173mm／手造楮紙 c.單色 d.摺紙 f.森田印刷所 g.考慮到活版印刷機能夠完成的「摺紙」的型態。

⑮ 自費出版雜誌《花唄》4號

a.岡本晉太 b.B5 c.封面：活版印刷單色、本文平板印刷4色 d.裝訂成冊 e.500本 f.活版印刷：弘陽

⑰ 海報「線」「蘋果與籃子」
a.西淑 b.A4／蘋果與籃子（左）
kikurasha、線（右）snowwhite
c.（左）3色／（右）2色 f. 微米印
刷 g.因為是裝飾於房間的海報，因
此採用了樣式簡單卻可以充分展現
凸版印刷特色的圖案。

⑱ 歐陸早餐
a.升ノ內朝子 b.80×80mm c.2色
d.導圓角 e.2,000張／20,500日圓 f.長
井紙業 g.使用了不均勻線條與網點方
式呈現懷舊氣氛。選用了可襯托紅色
的配色。

⑲ 活版卡組 馬戲團
a.otogi-designs b.各140×90mm
c.各單色×6色紙 d.軋型 f. otogi-
designs g.可以把想要傳達的訊息
組合起來作為擺飾，是有居家裝
潢風格的卡片。

BOULANGERIE

PAR TRITON CORP.

Département du pain dans la compagnie

Depuis 2011

● 120 麵包展的杯墊

a.松崗賢太郎（TRITON
GRAPHICS）
b.90×90mm、直徑90mm等
c.單色 f.啓文社印刷工業 g.以
「麵包店做的杯墊」為主
題。為了讓使用者意識到杯
墊的定位為創意雜貨，因此
製作了6種圖案與6種尺寸。

オニギリがおちて
きた

ニシワキ
タダシ

121 大叔與主食杯墊
a. ニシワキタダシ
b.90×90mm／杯墊原
紙 c.單色 d.導圓角
f.長井紙業 g.加入一幅
畫，也可以當作訊息
卡片等其他用途。

パンをかみちぎる

ニシワキ
タダシ

122 活版印刷便籤

a.はんこのnorio b.各A4
／片鮑晒紙 c.各單色
g.即使紙材很薄，為能夠
確實表現活版印刷凹凸
感，而加壓印刷。

123 Made in HASEGAWA
包裝貼紙

a.藝術指導&設計：高谷 廉、委託
人：長谷川 僚 c.2色 e.5,000張 f.啓
文社印刷工業。

124 兔子卡片

a.Paper message b.變形 c.單
色 d.軋型 f.Paper message
g.以簡單的線稿與軋型將纖細的
兔子插畫做成訊息卡片。

すごいハリキリようの小さな彼です。

アトリエ教室で作った、自慢の衣装。

紙袋から出てきたのは、

そして、最後は、

黄色いビニールテープ……腹に巻く帯です。

すべて身に着けてみたら、

忍者というより、

ほぼ、ゴミです。

ハロウィンまであと1……

ほぼ……

母、

月……

❶❷❺ 銀蓮花古董壓花

a.宗則和子(botaniko press) b.文庫
用書封：210×297mm／牛皮紙
dupre，書籤：130×35mm／
firstyintage c.2色 f.botanico press
g.照著古董壓花繪製，特意模仿歐
洲復古風印刷氛圍

126 White goat Letter（白色山羊的信）
　　 Black goat Letter（黑色山羊的信）

a.佐藤一樹（AUI-AO Design） b.便
箋：210×148mm、信封：
115×60mm／白山羊：新局紙、黑山
羊：helfair c.各單色 d.手撕加工
e.1,000張 f.大磯活版發信室 g.剛被山羊
咬過的信紙組。因為是以手工一張一張
撕的，所以每張的形狀都不一樣。

⑫ 藝術小卡

a.RARI YOSHIO c.單色 f.SAB
LETTERPESS g.活用製作①時所剩餘的切
邊，依照尺寸大小設計插圖，完全不浪費的
製作印刷。

⑫ 文藝同人誌《CHICAGO》

a.設計：TAKAIYAMA inc.、插畫：
松井一平 b.208×135／ Adonis c.封
面：2色、本文單色 f.江戶堀印刷所
g.只在封面的油墨版使用金屬版活版
印刷。

**⑫ 法式餐廳CHEZ LUC的
　　3週年紀念杯墊**

a.鈴木京 b.直徑85mm／杯墊紙
c.2色 e.100張 f.Onion
Letterpress Lab g.活用了活版印
刷油墨斑駁的特色。印刷色與金
色油墨給人時尚的深刻印象。

國外的活版印刷

>> **eggpress**
eggpress.com

在卡片文化盛行的歐美，使用活版印刷是再平常不過的了。
特別是在美國，以西岸或紐約為中心，有非常多活版印刷工作室。
讓我們一起來看看其中一間名為「egg press」的工作室吧！

● 請先向日本的讀者自我介紹。
我是egg press的設計師-Rosa Walker。目前
在位於美國奧勒岡州波特蘭的Schoolhouse
Electric公司的內部工作室從事印刷工作。負
責運作12台印刷機，親手設計與印刷。

● 開始接觸活版印刷的契機為何？
在西雅圖華盛頓大學學習織品時，為了製作畢
業作品集而購入了第一台印刷機。自此之後，
為了家人與朋友而製版與印刷時，漸漸迷上了
印刷的手感及自己親手印刷的感覺。

● 創作靈感通常來自於何處？
視覺層面通常是織品、復古風郵票或簡樸的插
畫。此外，也很重視人與人之間的交流及現今
潮流趨勢，至今依然張開天線努力接收中。最
重要的還是能夠重視製作時的樂趣，因此現在
正努力創作出讓人能會心一笑的作品。

● 喜歡活版印刷的哪個部分呢？
新的設計作品第一次被印刷出來那一瞬間。每
次都覺得像是變魔術一樣。Egg press偏好製
作疊色印刷，因此從疊色中產生出每張卡片獨
一無二的個性。此外，也很喜歡印刷機運轉的
聲音，能夠讓人感到平靜。

● 請給今後將接觸活版印刷，或是正在使用活
版印刷創作的讀者一些建議。
如果對活版印刷有興趣，實際動手操作看看
吧！有很多方式可以體驗，例如參加講座等
等。這樣一來更能深入了解活版印刷的魅力。
當有能力可以完成印刷時，自己的設計作品宛
如魔法般誕生的瞬間一定會降臨到你身上的。

第2章

Study 0f the Basics

活版印刷の基礎知識

擁有悠久歷史，使用簡易的物理性機械所進行的活版印刷。
若知道作業工序或技巧，應該就能夠在使用活版印刷製作印
刷物時更加樂在其中。
在此介紹下訂的方式及原稿的製作方式。

我塗，我塗
呼呼呼……

附有好用活版
印刷用語集

嗯～需要用點力氣喔！

滾滾滾……

活版印刷是怎麼樣的印刷呢？

What is letterpress ?

將上面有凸起文字或圖案的「版」刷上墨水，如同印章般壓印在紙張上，被稱作是凸版印刷的印刷方式之一。靠著製作可動活字組合而成的印刷版進行的「活字版印刷術（活版印刷）」，跟以樹脂或金屬製作的凸狀印刷版進行印刷的「凸版印刷」有時會依場合不同而有所區別，但是在本書中兩者皆稱作「活版印刷」。

活版印刷最大的特徵就是凸板壓印在紙張時所產生出的文字、線條的力道及些微的墨水堆積抑或斑駁的風味。雖然印刷時的加壓會使印面凹陷，要印出平滑的表面就必須靠專家的技巧了。最近特有的凹陷感很受到青睞。

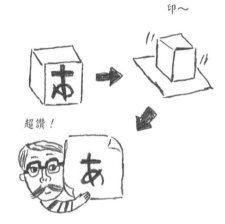

印～

超讚！

活版活字阿伯

交給我吧

○ 能製作的印刷物

文字活字、框線、裝飾活字等組合起來就能製作印刷版，能印出復古風味的印刷物。

使用樹脂、金屬版來製版，就能夠印刷出各種文字及圖案。印刷版也可再次利用。

即使是無法使用於平板印刷的毛邊和紙及薄葉紙等，都可以使用活版印刷來印製。也可以印製信封或紙袋等已經加工完成的紙製品。

並且每個版依據墨水色數的變化，可印製2色以上的彩色印刷。只是若印刷版的數量變多，所耗費的手續與成本也將提高。

此外，不使用墨水直接以凸版加壓的「打凹」或使用白色墨水印刷等，就能夠完成凸顯紙張材質的印刷品。

✕ 不能製作的印刷物

大尺寸印刷物只有在特定的印刷廠才能印製。活版印刷通常用來印製名片、明信片大小的印刷物。

無法印製出細緻的照片。若從相片來製版，會以網點的方式呈現，反而形成活版印刷才有的特殊風情。

活版印刷也無法印出全彩相片，但可以組合多種顏色的版印出多色印刷，也可以重疊版印出混色印刷。

若要進行大範圍直壓，也會出現色移或不均勻的現象，但同樣也是活版印刷才有的特殊風格。

若要印製鉛筆或水彩的筆觸也有困難。深淺的表現會和印製照片時一樣使用網點來呈現。

印刷大小事

印刷大約可分為4種版（平板、凹版、凸版、孔版）。讓我們一起來了解每種印刷的運作流程，更加
了解活版印刷應當放置的位置與特徵吧！

❶ 平板印刷

為了能夠讓高精密度畫面快速大量印刷，
而成為現代印刷物的主流。利用油水相斥
的原理，讓印刷版吸附墨水，再轉印到中
間的轉印體上。

❷ 凹版印刷

將版挖出凹洞再注入墨水轉印在紙張上的
一種印刷方式。又稱凹版相片印刷，由於
在印刷細微漸層表現出色，很適合用來印
製照片或是美術印刷。

❸ 凸版印刷

要印刷的地方凸起，並塗上墨水印刷於紙
張上的印刷技術。是最具歷史的古老印刷
方法。將文字活字組合成印刷版的活版印
刷，使用樹脂版或金屬版的凸版印刷或燙
金等加工都包含在內。

活版印刷

使用文字活字、樹脂版或是金屬版的印刷
方式。不論是組版或是印刷時壓力調節需
要專業技術、仿手工作業的感覺或是墨水
不均勻感的風味都是其魅力。

燙金

又稱為熱壓印，在高熱高壓下將燙金膜用
凸版印刷印進熱轉印的印刷技術。因為可
以表現出金、銀等金屬感，常用在表現高
級質感的印刷加工上。

打凹・打凸

不在凸版上刷墨水，直接加壓，製造出文
字及圖案在紙上凸出或凹陷的加工印刷。

❹ 孔版印刷

在印刷版上開很多細小的洞，透過洞將墨
水轉印到紙上的一種印刷方式。理想科學
工業的RISOGRAPH、絲網印刷、謄寫版
印刷等也含在內。

絲網印刷

使用在開了許多小洞的絲網版，讓墨水透
過進行印刷。不論是布料、塑膠還是陶
器，適合應用於各種素材的印刷上。

活版印刷的歷史

History of typography & letterpress

活版印刷在印刷史中是最古老的印刷方式之一。
究竟活版印刷是如何誕生與發展的呢？讓我們來一探它的歷史吧！

活版印刷的誕生

使用活字的印刷術據說是源於東方。11世
紀中葉，北宋的平民畢昇發明了膠泥活字
（陶製的活字）。接著在13世紀末，元朝
的農學家・王禎成功開發出木製活字，並
將製法、撿字、植字、印刷等專業技術寫
成「造活字印書法」。爾後，於13世紀前
半誕生的高麗銅活字據說是世界上最早的
的金屬鑄造活字，然而現今保存最古老的
金屬活字印刷品也是源於高麗。

活版印刷的發明

另一方面，西方約在1445年左右由約翰尼
斯・古騰堡（Johannes Gutenberg）發明了
近代活版印刷技術。古騰堡選用鑄造容易
的鉛合金，並使用正確且穩定的鑄造技術
和適合印刷的墨水，加上從葡萄酒釀造機
得到靈感所開發的印刷機等，顛覆了原本
以手抄本或是木頭版為主流的印刷史。自
此之後，書本不但可大量印刷，並且讓印
刷成為經濟活動的一種產業。

流傳到日本

16世紀末,活版印刷術傳到日本。耶穌會的傳教士將古騰堡的活版印刷術帶入日本。他們以名為「基督教版」的出版事業名義進入,但因為幕府禁止基督教傳教,因此不了了之。之後,在1592年隨著豐成秀吉出兵朝鮮,從朝鮮帶回了活版印刷的材料與技術,受此影響,在日本開始架構起由木頭活字衍生出名為「古活字版」的出版文化。

活版印刷的發展

但是活版印刷並未就此受到需要使用許多漢字的日文青睞。在江戶時代後期,使用版木的整版印刷書為主流。直到幕末至明治時代,推行近代化的日本,由本木昌造、平野富二等人為首,致力於引進活版印刷術及西方書籍的翻譯與發行。他們確立了日文活字的鑄造與尺寸體制,一直到後來照相排版及電腦排版出現前,活字印刷都是印刷技術的主流。

代表性的機器與工具

Press & tools

從排版到印刷，由專家一手包辦的活版印刷，會使用到各種工具。
在此介紹代表性的機器與其中一些工具。

活版印刷機

活版印刷機中從適合小型印刷
物的「圓盤機」到可印A4或更
大印刷物的中大型自動印刷機
都有。創作者自己所擁有的多
半以前者居多，而印刷廠所使
用的則以後者為主。其他也有
像是手動給紙的半自動印刷
機。

活字、樹脂 金屬版

印刷部分凸起的印刷版，依
照字體及尺寸的不同，每個
字都可以移動的活字版，其
他也有像是把圖案等做凸起
加工的樹脂、金屬版。

夾盤具

將版組跟框架組合時
所需使用到的固定器
具。靠著旋轉螺絲來
開關，當版組與框架
的間隙對上時，螺絲
就可轉入固定。

排字盤

為統一活字組版每行
的長度，在進行植字
時所使用的工具。用
鉤子固定行距，再把
活字放入。

填充版

填充間隔的工具，從
字距到整塊空白，有
各種尺寸。在行間所
使用的填充版稱之為
inter leads。

金屬底座

黏合樹脂、金屬版的
基底。上面有如同方
眼紙一般的格紋，可
以調整需要的印刷位
置。

活版印刷的油墨

Printer's ink

活版印刷所使用的墨水擁有黏稠度較高、乾燥
速度較緩慢的特徵。一次只能印刷1色，若要
印較複雜的顏色就必須使用多種油墨來調色。
原稿上最好指定DIC或PANTONE等色票的顏
色。此外根據印刷廠的不同，有些可印出使用
金、銀、螢光色等特殊色。

適合活版印刷的紙材

Popular paper

在活版印刷界中，可以清楚表達印刷觸感的紙材和在手感上很有特色的紙材都非常受歡迎。
在此集合了本書所刊登的作品也有使用的人氣紙材。

① halfair（ハーフエア）

特徵像是像含有空氣般手感鬆軟。「比外觀看還要
輕」這點也很受到歡迎。從名片到DM應用範圍
廣。

刊登作品 → ① ⑩ ⑳ ㉚ ⑨ ⑤ ④ ⑤ ⑨ ⑥ ⑩ ⑯ ⑩ ⑬ ⑭ 等

② cushion 紙(クッション紙）

被當做是緩衝材使用的紙張。兼具厚度與柔軟
性。由於吸水性也很強，除了原本的用途之外，
也很適合做杯墊。

刊登作品 → ② ⑦ ⑫ ⑱ ㉔ ㉗ ⑩ ⑦ ⑩ ⑩ ⑧ ⑥ ⑩ ⑱ 等

③ araveal（アラベール）

類似圖書用紙的質感與柔和的色彩呈現很受歡
迎，常被用在名片上。色彩重現度高以及較容易
取得都是魅力所在。

刊登作品 → ⑩ ⑳ ㉔ ㉔

④ fulittar（フリッター）

表面紋路清晰的特殊紙。柔軟且有厚度因此不
論是打凹或是使用透明墨水都能夠做出鮮明的
表現。

刊登作品 → ⑳ ㉔ ⑪ ㉞ ⑩ ⑩ ⑯ ⑤ ⑩

⑤ GAboard（GA ボード）

霧面材質與較深的顏色呈現，可完成充滿平靜
氣圍的作品。常搭配白、金及銀油墨或是使用
燙金加工。

刊登作品 → ⑥ ㊼ ㉒ ⑭

⑥ 牛皮紙（Kraft paper クラフト紙）

一般用作包裝材料。有白色的漂白牛皮紙與咖
啡色的未漂白牛皮紙等種類。因為紙質較強
韌，適合用作紙袋或信封等製品。

刊登作品 → ⑱ ⑩ ⑩ ⑩

活版印刷的作業流程

Process of letterpress

活版印刷是依照什麼樣的作業流程來印刷的呢？
事先瞭解實際的流程及版的結構，對於設計及交稿都非常有幫助。

組版篇

專家在製作活字版的流程。

① 準備原稿

首先準備好想要製作的印刷物
文字原稿。依據這份原稿選好
活字，排定版型。

② 文選

依據原稿，在數量龐大的或字
中找尋需要的活字放入文選盒
中。這項工作被稱為「撿
字」。

③ 組版

空白處以填充版、行間則插入
inter leads來製作版面。完成後
以繩子綁緊，裝上框架。

④ 印刷

對齊活字的高度，把每個版
（框）安裝於印刷機上。將印
壓與位置調整到最佳狀態進行
印刷。

完成！

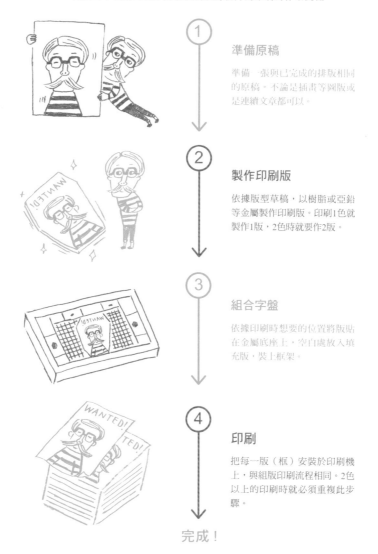

樹脂 金屬版篇

從版型草稿開始製作樹脂版或金屬版再到印刷的作業流程。

① 準備原稿

準備一張與已完成的排版相同的原稿。不論是插畫等圖版或是連續文章都可以。

② 製作印刷版

依據版型草稿,以樹脂或亞鉛等金屬製作印刷版。印刷1色就製作1版,2色時就要作2版。

③ 組合字盤

依據印刷時想要的位置將版貼在金屬底座上,空白處放入填充版,裝上框架。

④ 印刷

把每一版(框)安裝於印刷機上,與組版印刷流程相同。2色以上的印刷時就必須重複此步驟。

完成!

活版印刷的下單方式

在知道活版印刷的結構與專業知識後，終於要來下單了。交稿時必須要指定原稿、紙材與墨水，選擇活版印刷的話，與印刷廠或是專家的溝通是非常重要的。要使用什麼樣的活字及印刷版，適合怎樣的印壓等等，在確實溝通後再來決定吧！

① 決定印刷物的形象

要做什麼呢？想要完成什麼樣的印刷物呢？必須要決定概念。在依據此來選擇是要使用活字組版的活版印刷比較好？還是使用樹脂、金屬版的活版印刷較恰當？依據活字數量、版的材質與尺寸，都會有不一樣的價格，請印刷廠估價看看吧！

② 製作原稿

決定好想要製作的印刷物後，就要來準備原稿。如果使用活字組版，字體、行距、文字尺寸及空白的安排方式等都需要寫在原稿上，告訴印刷廠你的想法。選擇樹脂・金屬版時，需使用繪圖軟體等工具先完成黑白稿。不論是選擇哪種方式，多色印刷時都必須依照顏色數量準備版型草稿。

→ ③ ——————— Choose paper and ink ——————→ ④ ——— Finish ——→ 完成！

選擇紙材及油墨

來決定符合印刷物形象的紙張與油墨吧！
想要讓印刷痕跡明顯，就要選擇柔軟的紙
張，想要活用紙張本身的顏色時就要選擇
有色紙等等……把紙張的材質當做是設計
的一部分來好好挑選吧！如果是油墨，從
DIC或PANTONE色票裡依照想要的形象
指定色號就不會有問題了。

交稿

指定好原稿、紙材與油墨，並備齊完成的
樣品就可以交稿了。特別是在多色印刷
時，雖然已經確認好版的組合與配色等，
但若有完成的樣品會非常有幫助。此外，
想要表現出明顯的印刷痕跡時，可在交稿
時提出要求。但過度的印壓會成為損害活
字與機器的原因，因此請斟酌後再決定。

交稿重點

Point of submission of a manuscript

活版印刷的交稿與一般平板印刷的差異不大。在此提醒大家幾個需要
注意的重點。

選擇組版時

若想要讓廠商清楚了解你想要的感覺，請
先準備好用繪圖軟體設計好的原稿。並寫
上字距、行距及白邊的數據，再依據這份
原稿進行組版。當然，像早期一樣依照手
繪原稿來交稿也可以。

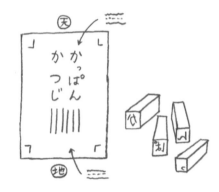

選擇樹脂·金屬版時

與一般的平板印刷相同，從檔案即可製作
樹脂·金屬板。但請注意，大範圍的直
壓、太小的文字與深淺觸感很難表現。此
外，即使是單一版也可以用網點來表現出
深淺變化，給人多種色彩的感覺，因此表
現幅度很廣泛。

樹脂版與金屬板的差異

在活版印刷中所使用的凸版大至上分為兩
類。樹脂版較為輕巧且便宜，金屬版較硬，
可鮮明表現出纖細的線條。依據預算及設計
來選擇最適合的材質吧！也可另外向製版公
司訂製版再交由印刷廠印刷，或拿以前做過
的版進行再版印刷。

活版印刷的活用方式

Step up

打凹或是燙金等加工也屬於活版印刷技術的應用。若將各式加工搭配其他印刷方式，就可完成多種不同的表現方式。

[關於加工]

❶ 打凸打凹

不刷墨水直接利用凸版加壓，讓印刷處像上凸起（或像下凹陷）的一種加工方式。活用紙張本身的顏色，並賦予花樣就能夠完成高雅的作品。如果凹處使用鉛筆塗色，設計就會浮現等設計方式也很有趣。

刊登作品→ ④ ⑭ ⑱ ㊽ ㊴ ⑪ ㉒ ⑱ ⑱ 等

❷ 燙金

使用熱轉壓加工金、銀、雷射紙等金屬箔。與使用墨水印刷的部分比對起來會很有趣，如果只在星星等部分使用金箔，就能成為設計重點。

刊登作品 , ㉓ ㉗

❸ 摺紙

只是一張印刷物，只要加入摺紙就可以給人不一樣的印象。打開摺子的期待感也可以應用於設計。

刊登作品→ ⑨ ㊴ ㊾ ⑱ ㊾ 其他

❹ 軋型

把只依照圖案形狀裁切的加工方式。可以強調輪廓，也可以為設計主題帶來存在感與律動感。

刊登作品→ ⑦ ⑮ ㉗ ㊾ ㊾ ⑪ ⑪ ⑱ 其他

❺ 其他

其他還有像是打洞、騎逢線、轉印等各種加工技術。若數量不多可以自己進行DIY加工。

刊登作品→ ⑥ ⑤ ⑭ 其他

與其他印刷的搭配方式

照片或插圖使用平板印刷，文字就可以選擇活版印刷，若要表現復古風情則使用孔版印刷等等，像這樣結合數種印刷方式可以大幅提昇表現力。了解各種印刷的優點並活用吧！

刊登作品→ ⑤ ㊽ ㊾ ⑰ ⑲ ㊺ ⑰ ㊾ ㊾ ⑩ ⑪

好用活版印刷用語集

Glossary of letterpress

在活版印刷中有著專有的用語和說法。在此整理一般印刷以及常使用到的活版印刷用語。

【對號】

為了指示要將圖版放入版型中的哪個位置，兩邊所註記相同的編號。

【建外框】

將字體等圖像化。如此一來就算是創作者與印刷公司間所使用的軟體及字體不同，也可以進行出圖。

【紅字】

校稿時使用紅筆註記需要修改的地方。

【示意圖】

圖稿來不及準備或原圖稿尺寸太大時，替代用的圖稿。

【網點】

為了表現出照片或插圖的深淺，規則並排的細小圓點區塊。

【校色】

確認實際印刷出來的顏色，及要求修改顏色等動作。

【色票】

用於配色與顯色等，已印刷完成且能作為參考樣本的紙張。

【印壓】

活版印刷在進行印刷時所施以的壓力。印壓強時，凸版與紙張接觸的部分容易產生凹痕。但是若印壓過大，容易傷害活字與機器，因此請與印刷廠討論。

【解析度】

主要以dpi來表示，是數位圖像的密度。印刷品適合的解析度，最建議原寸大小350dpi。

【拆版】

印刷後拆下版組，整理活字。

【活字】

讓文字或記號凸起，每個文字都可移動的凸版。

【草稿】

接近交稿狀態的設計，可供排版使用。

【金屬版】

亞鉛、銅及鎂等金屬製的凸版。堅硬且耐久性高，通常使用於印刷次數多或需要較大印壓時。

【組裝】

將上頭已經將活字組版或是凸版排好的金屬底座，裝上框架，並固定於機器上。

【組版】

根據原稿，把活字與填充版排列成印刷版。

【下版】

在活版印刷時，是指校版完成，準備進行下一個動作。在平板印刷則是指完成製版，準備進入印刷。

【原稿】

文章、圖稿等排版完成，是製版的依據。

【號】

日本特有的活字尺寸系統。從最大的初號到8號，隨著數值提高尺寸越小。現在雖然以較適合數值管理的Point System為主流，但依據印刷廠的不同，有的還是沿用「號」為單位。

【校稿】

檢查是否有錯誤，並加以修正。

【校了】

校稿完成，是最佳印刷狀態。

【填充版】

在進行活版印刷時，放置於不需印出來的字距、行距、空白處的工具總稱。置於字距間的稱為「space」或「quadrat」、行距間的稱之為「inter leads」、大片空白處的則是「justifier」、「furniture」等等的金屬塊。

【樹脂版】

指樹脂製的凸版。通常價格比金屬版便宜。樹脂的硬度也有分種類，最好依據想要完成的感覺來使用不同硬度。

【完稿尺寸】

印刷完成後的大小。

【CMYK】

指的是平板印刷中最基礎的油墨組合。C=藍色、M=洋紅、Y=黃色、K=黑色，這些顏色所無法呈現的顏色則稱為「特殊色」。

【一校】

交稿後，以校稿為目的，以幾張為單位做打樣。在這上面標上紅字再送回印刷廠。為了確定，會再打一次樣，此時稱為二校。

【字體】

指明朝體、Gothic體等被具有設計感的文字。電腦排版時可使用各種不同的字體，但使用活字組版進行活字印刷時，所有使用到的字型必須向印刷廠確認是否能用。

【黑墨】

指黑色的墨水。

【製版】

指的是印刷的最根本──印刷版的製作。活版印刷則是指製作樹脂・金屬版。

【裝訂成冊】

被印刷出來的紙張被製作成書本型態。

【落版單】

冊子等頁數配置一覽表。

【滿版】

交稿版面不留出血全部印刷。

【縱向・橫向】

指紙纖維的走向。縱相紙以直切、橫相紙則以橫切較容易切割。

【裁切】

印刷好的紙張裁剪成完成品的尺寸。

【鑄造】

在活版印刷裡是指，將鉛等金屬融化後灌入母模製作活字。現在擁有活字鑄造機的製造廠已經非常稀少了。

[DTP]（數位排版）

「Desktop Publishing」的簡稱。使用電腦軟體來進行印刷物的設計。

【 委託設計 】

圖版及文字等素材交由設計師製作。

【 圓盤機 】

通常用於小型印刷物。是使用手動的平壓活版印刷機。

【 天地 】

印刷物或是原稿的上方（天）下方（地）。印刷時為了不要搞錯方向，在原稿上註記是有必要的。

【 特殊色 】

在印刷上，基本的4色墨水（CMYK）所無法呈現出來的顏色。要使用於印刷時，請參考DIC或是PANTONE特殊色的色票來指定顏色。

【 裁切標記 】

重疊版或是裁切時方便對齊的記號。

【 交稿 】

將原稿及檔案交給印刷廠。

【 對版 】

使用1張版無法印刷的部份，再用第2張版印刷，並調整成2張版不要疊印的狀態。

【 出血 】

比圖版的完成線多抓3mm左右進行設計。

【 頁碼 】

指頁數。

【 製版草稿 】

製作印刷版的紙本原稿或者是檔案。

【 版型 】

指印刷物的尺寸。

【 漏白 】

在進行多色印刷時，版的位置跑掉而重疊印刷。

【 印刷數量 】

指印刷品的張數。一般來說印越多單價就會越低。

【 文選 】

依據原稿，從活字櫃上挑出需要的活字。通常也稱「撿字」。在眾多的活字中要能快速找到需要的活字，需要熟練的技巧與經驗。

【 直壓 】

指使用濃度100%的墨水印刷。大範圍印刷時，在活版印刷上會造成顏色不均勻或斑白的情況。

【 Point System 】

數位排版也在使用的活字尺寸體系，是現在的主流。只是活字印刷廠並不是所有尺寸都有，因此必須要事前做好溝通。大尺寸是用樹脂・金屬版製作印刷。

【 大版 】

使用一張全紙，有效率的排好原稿，一次進行多張印刷。

第3章

→ Let's try
  letterpress!

一起來玩活版印刷吧！

決定好想要使用活版印刷製作的樣式後，終於要前進印刷廠了。再
這邊將與活版印刷廠及活版印刷創作者一起使用「活字組版」與
「樹脂版」實際製作印刷品。此外也會介紹相關活動、活版印刷創
作者以及印刷廠。

1 使用「活字組版」來做明信片吧！

使用懷舊風味的組版製作的印刷品是？只要組合活字就可以誕生出全新的設計、以「ズアン課」的スズキ所印製的明信片為例，讓佐佐木活字店的印刷師父們來做教學示範吧！

創作者：**ズアン課**
使用活字及裝飾線做設計的スズキチヒロ深愛著活字，自己本身也擁有活版印刷機。zuan-ka.com

→

印刷：**佐佐木活字店**
從現在十分稀有的活字鑄造、販賣到印刷都有經營，大正6年開業的印刷廠。

組合完成的印刷版（圖右）與以印刷版所印刷出來的明信片（圖左），留白部分則放入不同尺寸的圖板組成。

1.文 選

2.組 版

1.文 選

以單手拿著原稿跟文選盒，在數量龐大的活字中選擇需要的文字。這次，將組合使用複數的英文字體。

→

2.組 版

依照原稿將活字做排版，在空白或是行距間插入填充版組合。完成後裝上金屬框架。

→

3.印 刷

將版安裝於印刷機上，調整印壓然後印刷。剛開始印刷時墨水容易產生不均勻的現象，一邊觀察一邊判斷最適合的作品狀態。

3.印 刷

使用「樹脂版」製作店卡

以在P.8中所介紹Cafe POLKA的店卡印刷流程為例，一起來看看使用「樹脂版」製作印刷物的方式吧！這次為我們示範的是擁有活版印刷工房的Tokyo Pear。使用的是「圓盤機」。

創作者：**升ノ內朝子**
目前居住於希臘的插畫家，以旅行及外國為主題，最大的魅力在於懷舊畫風。
www.asako-masunouchi.com

→

印刷：**Tokyo Pear**
由Darren・Smith與Smith・惠梨子所組成，以西海岸風活版印刷為主的設計團隊。
www.tokyopear.com

正在操作印刷機的達倫先生。經多次試印還是無法成功印刷，正嘗試著調整印壓與印刷版。

1. 製作印刷版

從檔案來製作樹脂版。製版是委託真映社（P.109）來負責。真映社通常是與印刷廠合作，也接受個人訂製。

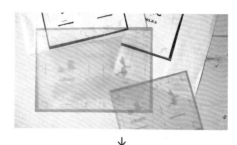

↓

2. 調和油墨

所有的活版印刷，當油墨原色與需要顏色不符時就必須進行調色。混合紅色及透明色等等來作出指定的 DIC色。

↓

3. 組裝

在金屬底座上貼上已裁切好的樹脂版，安裝上金屬框，放入夾盤具並鎖緊。

↓

4 在油墨盤上
塗上油墨

這此使用的是圓盤機，因此必須在墨盤上塗上油墨，再靠滾筒讓油墨平均分布延展。

↓

5. 印刷

拉下把手，滾筒就會沾附油墨，再將油墨塗於樹脂版上，安裝好的紙張與樹脂版經過加壓後就完成印刷。

雖然委託印刷廠或是創作者製作也不錯，但還是想要自己使用印刷機印看看。如果你有這樣的想法，不妨參加可以體驗圓盤機的交流會或研討會。

東京活版展

由手紙社主辦，於第3屆東京跳蚤市場所舉行的交流會。
除了有20組攤位，還有研討會。
tokyonominoichi.com

觸摸活字、讓印刷機轉動，是只有交流會獨有的樂趣。

這個交流會是2013年5月由手紙社主辦，名為「第3屆東京跳蚤市場──東京活版展」的企劃。集合20組活版創作者，進行作品販賣及講座等。也有手紙社獨家的明信片製作體驗講座。從3組創作者的設計中選出喜歡的圖案，自行操作圓盤機進行印刷。

從只有1張也可以使用活版印刷製作的印刷品開始，能輕鬆的接觸活字、工具以及活版印刷機。參加交流會或是講座，不但很開心同時也是學習活版印刷非常好的機會。初學者不用說，對於使用活版印刷製作過印刷品的人來說，自己操作印刷機的體驗也相當特別。

手紙社今後也預訂要定期舉辦活版印刷的交流活動。然而，活版印刷的創作者自行也舉辦了許多講座，請務必參加看看。

1.拉下手把的操作動作需要費頗大的力氣。2.印刷時每1色的版都不相同。3.將活字變身為印章。4.給大家看完成的杯墊。5.在講座時所體驗製作的手紙社獨家明信片。從上開始分別是升ノ內朝子、西淑、kata kata的設計。

如何取得活版印刷機？

>> Achirabe
>> Tokyo Pear

圓盤機目前已經停產了。那麼想要自己動手操作印刷機製做作品的人是
怎麼樣取得屬於自己的印刷機呢。在這裡有一些關於想要維持活版印刷
燈火的人們的小小故事。

[關於あちらべ]

あちらべ的赤羽大因為參加講座而熱中於活版印
刷，當時一廂情願的對專家們說：「想要做活版
印刷！」對於這樣任性的發言，專家們回答：
『如果沒有機器就去找看看吧！』半年後，因緣
際會經由位於八丁堀的印刷廠「弘陽」三木弘志
介紹下，從對使用手動印刷機感到疲倦，而打算
全部改用自動印刷機的「風里花」工房主人加藤
裕一那邊得到已經不用的圓盤機。自此後便成為
あちらべ的愛用機器。
只是加藤表示：「看到年輕人的活動後又讓我開
始想要使用手動印刷機了。」結果加藤先生之後
又另外再入手一台圓盤機。

[關於Tokyo Pear]

Tokyo Pear不只擁有圓盤機，並且也擁有一台
德國製Heidelberg自動印刷機。前者是在中古印
刷機業者那邊找到的，後者則是以一封電子郵件
為契機來到了工房。
「想要將日本古書以活版印刷再版的美國人寫了
電子郵件來詢問『可否收下機器？』」因為預計
要回美國，但重達1公噸以上的印刷機並不好處
理。最重要的是，因為是還可以使用的機器，因
此便收下了。
然後Heidelberg自動印刷機就來到了工房。聽說
當時是使用卡車運送，卸貨時運利用軌道來搬運
的大工程。一面詳讀對方提供的說明書，一面細
心的調整保養，印刷機便開始順利的運轉。「因
為老機器操作簡單，若入手就會一直使用。只是
如果不一直使用它，它就不會動了（笑）」。

Heidelberg
印刷機

[給想要購入活版印刷機的朋友們的建議]

「找實際上有在使用活版印刷的人討論是最好的」（九ポ堂、つるぎ堂）。「透過有在舉辦講座等活動
的工房，建立與專家們的信賴關係，一面向中古商詢問，一面等待想要轉讓的人出現是比較好的方
式。」（knoten）。

活版印刷
創作者檔案

在此集合了深愛活版印刷、將製作活版印刷
作品當做畢生職志的創作者們。
自己也從事印刷的人、為了圖畫表現而必須
使用活版印刷的人、著迷於活字組版技術的
人、與印刷師父共同創作的人……來自不同
觀點的11組創作中，洋溢著對於活版印刷的
熱情。

01

Creator's file

> ## knoten
クノ・テン

> 編織著「繩結」
充滿纖細情詩的世界。

Knoten在德語中有「繩結」的意思。是
由自行設計、印刷的岡城直子、yuri、伊
藤真理子三人組成的創作團隊。
http://ameblo.jp/knoten-blog/

⑬ 「雪的結晶」「樅樹與雪」明信片

a. 「雪的結晶」設計：knoten、插畫：菅野英子、「樅樹與雪」yuri
（knoten） b.100×148mm／右中：miranda、左中：deepmatte、左下：
GAfile、上2張與右下請參考P.35 ⑪ ⑫ c.單色~2色 f.knoten g.寂靜的森林下
雪的景色與以夢幻的冰晶被做成壓花的概念。

(131) 「香菇」迷你卡片組

a.伊藤真理子（Knoten） b.90×55mm／卡片：京都嵯峨野工房的毛邊和紙、信封：未漂白牛皮紙 c.卡片：單色／單色、信封：單色 f.Knoten g.正面的香菇描繪細緻，背面的格紋以手繪線條給人柔和的印象。

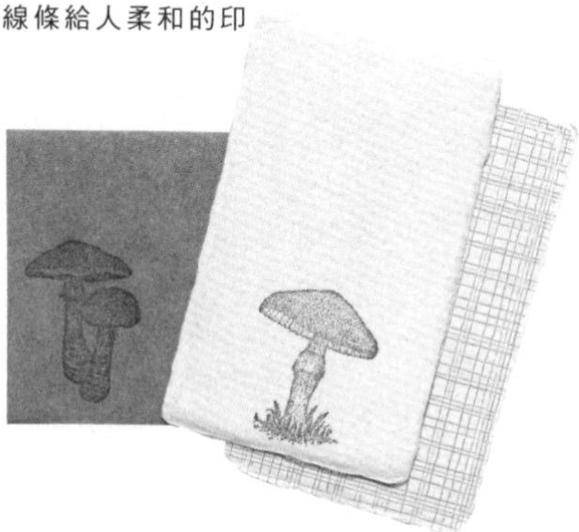

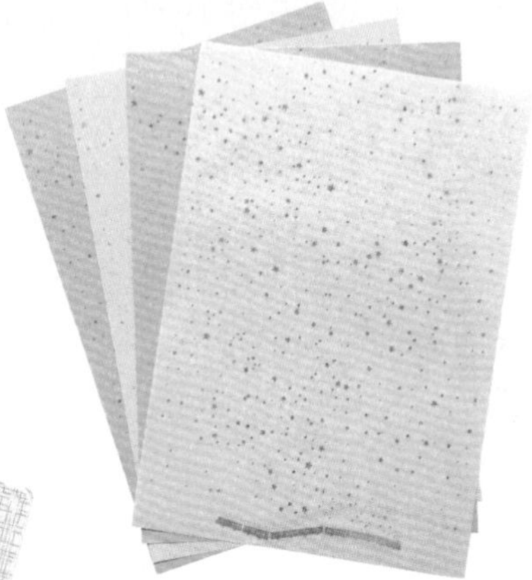

(132) 「四季星座」信紙組

a.yuri b.A5／三色roll（淺黃・桃色・奶油色）、純白roll c.2色 f.knoten g.從汽車冒出星星的煙，進而變成夜空，以這樣的概念創作。

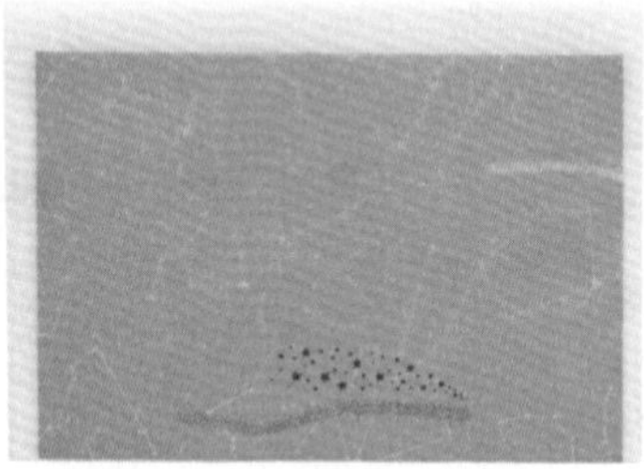

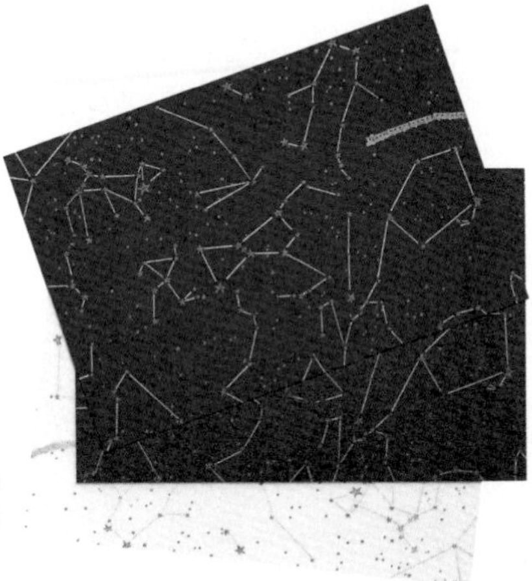

(133) 「四季星座」明信片與信封組

a.星座：yuri、汽車：伊藤真理子（都是knoten） b.100×148mm／stardream（nightblue、titan） c.2色（金銀） f.knoten g.以汽車旅行為主題的系列作其中之一。以旅行於彷彿可聆聽星星聲音般寧靜夜空中的汽車描繪出每個季節的星座。

〈 訪問knoten的岡城直子 〉

Q1 接觸活版印刷的契機為何？

因為很喜歡文具，想要使用自己喜歡的紙張，像是毛邊和紙、薄雁皮或是描圖紙等紙材來印刷，因此開始接觸活版印刷。

Q2 什麼是活版印刷的魅力？

即使沒有電腦，也可以將喜歡的紙張印上喜歡的顏色，像是印章般那樣的印刷。質感不用說，也非常喜歡流程跟墨水的味道。

Q3 設計時最重要的是什麼？

「繩結」正如同這個名稱，希望能與拿到這一張小小印刷物的人們結下緣份，抱持著這樣的想法創作。

其他刊登刊登作品→ ㊴ ㊵ ㊶ (61) (67)

> 川島枝梨花
  Erica Kawashima

> 以凜然的線條描繪出動
  植物豐富的表情。

使用有力道的線條描繪動植物及花
紋的插畫家。個展與紙雜貨製作等
多方面發展中。
tokyoparadise.jp

⑱ 紅包袋「紅李」「草莓」「麻葉」「斑比」
「小鳥」「鮫小紋」

a.川島枝梨花 b.各120×65mm c.2色~3色
d.製袋 f.Printed Things g.印刷後再製袋，因
此做成背後也有花紋像是要包入鈔票的設計。

⑬ 紅包袋「午（馬）」
a.川島枝梨花 b.120×65mm c.2
色 d.製袋 f.Printed Things g.以柔
軟的筆觸描繪2014年的生肖——
馬。

⑬ 信紙組 玫瑰
a.川島枝梨花 b.便籤：203×140mm
c.單色 f.橫尾壽永堂 g.在稍微透光的
紙上以銀色墨水印刷。

⑬ 「3隻蝶」（右）
a.川島枝梨花
b.100×148mm c.單色
f.Printed Things g.為了不要
輸給活版印刷印壓而選擇了
厚實的紙張。

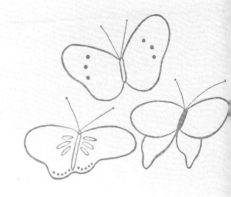

⑬ 賀年卡「兔子」（左）
a.川島枝梨花
b.148×100mm c.單色
f.Printed Things

〈 **訪問川島枝梨花** 〉

Q1 接觸活版印刷的契機為何？

因為認識很瞭解活版印刷的人
以及之前工作地點是位於（很
多印刷廠）的江戶川橋。

Q2 什麼是活版印刷的魅力？

完成的作品非常美麗。自己
畫出的線條觸感只有使用活
版印刷才能栩栩如生。

Q3 設計時最重要的是什麼？

因為是藉由印刷廠的人協助印刷，
所以就是致力描繪出現條生動的作
品。

其他刊登刊登作品→ ㉒ ㊾ ⑧⑧ ⑩⑧

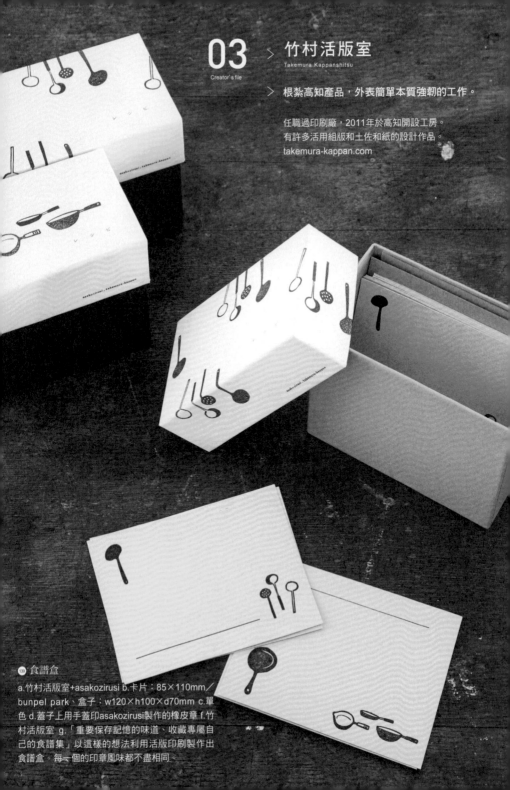

03 > 竹村活版室
Creator's file
Takemura Kappanshitsu

> 根紮高知產品，外表簡單本質強韌的工作。

任職過印刷廠，2011年於高知開設工房。
有許多活用組版和土佐和紙的設計作品。
takemura-kappan.com

食譜盒

a.竹村活版室+asakozirusi b.卡片：85×110mm／
bunpel park，盒子：w120×h100×d70mm c.單
色 d.蓋子上用手蓋印asakozirusi製作的橡皮章 f.竹
村活版室 g.「重要保存記憶的味道、收藏專屬自
己的食譜集」以這樣的想法利用活版印刷製作出
食譜盒。每一個的印章風味都不盡相同。

UE2QP;BXAOY
MH6LKWDA
A7ZIOE;GRFN
E3CSIVJP,A

⑭ 原創便籤
　　（裝飾線框／Bodoni）

a.竹村活版室 b.148×148mm
／OKadonis c.各單色 f.弘瀨印
刷所 g.為了讓人更能親身感受
到使用於裝飾的線條「裝飾框
線」與金屬活字「Bodoni」的
匠心獨具，因此將此兩種元素
放入便籤設計中。此外，大膽
採用容易變色的紙張，能夠讓
人觀察它因歲月的轉變。

⑭ 感謝卡組
　　－使用和紙包覆－

a.竹村活版室 b.卡片：
107×154mm／cranelettr、信
封：約A4／土佐手造和紙 c.單
色 d.打凹 f.竹村活版室 g.高級
洋紙與手造和紙的異材質組
合。信封使用一張手造和紙摺
成包裹形狀。含有將重要的心
意「包裹」起來的意義。

THANK YOU.

───〈 訪問竹村活版室 竹村愛 〉───

Q1 接觸活版印刷的契機為何？

第一次拿到使用活版印刷印出
來的名片時，心裡想著「這不
是普通的印刷」。之後越是了
解，越是難以自拔的愛上活版
印刷。

Q2 什麼是活版印刷的魅力？

既是工序的集合，也是時間
的累積。彷彿會留下人的手
痕，也像是會呼吸般。

Q3 設計時最重要的是什麼？

「為何要在設計裡加入活版印刷
呢？」「一定非活版印刷不可
嗎？」像這樣自問自答。

04
Creator's file

> ## 九ポ堂
> Kyupodo

> 以爺爺的印刷機演繹出復古
> 又幽默的故事。

繼承了爺爺所遺留下來的9p活字與工作室，開
始創作虛構商店街跟製藥公司等具故事性主題
的作品。也有展示及參與講座。
www.kyupodo.com

⑭ 家的盒子

a. 九ポ堂 b.w70×h60×d110mm／
GAfile、GAboard、deepmatte等 c.單色～2
色 d.盒子 f. 九ポ堂 g.在屋頂上大膽的留下
斑白，剛好配合屋瓦的感覺。窗戶部分使用
較強的印壓使其凹陷，看起來就很具窗戶的
效果。此外也挑戰使用稀釋劑來作表現。

⑭ 明信片
　「月光商店街」
a.九ポ堂 b.148×100mm／
halfair c.單色 f.九ポ堂 g.以
虛構商店街為背景，使用了
復古傳單風格作設計。

⑭ 丹麥農村小屋迷你卡片
a.九ポ堂 b.90×55mm／
halfair c.單色～2色 f.九ポ堂
g.以多色來呈現丹麥繽紛的
街道。

〈 **訪問九ポ堂 酒井草平** 〉

Q1 接觸活版印刷的契機為何？

爺爺因為興趣而使用過的活版
印刷機和工具都留在家裡，自
然而然就使用它們開始創作。

Q2 什麼是活版印刷的魅力？

各種紙張都能印刷。平板印
刷無法呈現的風情也是其魅
力之一。

Q3 設計時最重要的是什麼？

因為容易產生色不均或斑白，請注
意直壓的面積不要太大。

其他刊登刊登作品→ ⑤⑤ ⑤⑧ ⑥⑧

SAB LETTERPRESS
サブレタープレス

> 紙張與設計與印刷技術之間所傳遞
> 的訊息……

2006年開始創作使用活版印刷的紙製品。同時也是 PAPIER LABO（位於 谷千馱谷）的創立成員之一。

sabletterpress.com

145 Season greetings
a. SAB LETTERPRESS b.154×90mm
c.2色／單色 g.依照往年慣例使用2色印刷作為聖誕卡與賀年卡的設計主題。

HAPPY
NEW YEAR
2012
I HOPE THIS YEAR BRINGS YOU
HAPPINESS.
I LOOK FORWARD TO
YOUR CONTINUED GOOD WILL
IN THE COMING YEAR.

HAPPY
NEW YEAR
2013
I HOPE THIS YEAR BRINGS YOU
MANY SMILES.
I LOOK FORWARD TO
YOUR CONTINUED GOOD WILL
IN THE COMING YEAR.

Happy New Year 2011!

I hope this year brings you happiness.
I look forward to your continued good will
in the coming year.

SEASON'S GREETINGS!

Here's hoping the whole family has happy holidays!
And I hope next year will be an even better year for you.

訪問SAB LETTERPRESS
武井実子
A1愛店的店卡。
A2 看起來很立體的感覺。
A3 顏色數量。

其他刊登刊登作品→ 93

> PLY.
プレイ

> 與圖形和顏色相呼應
的靈感

實踐印刷與設計的地方。
每月2次舉辦活版印刷講座。

www.pppply.com

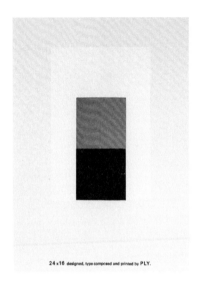

24 x 16 designed, type composed and printed by PLY.

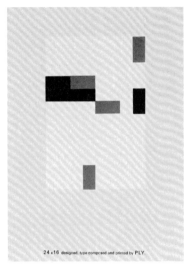

24 x 16 designed, type composed and printed by PLY.

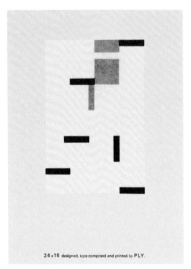

24 x 16 designed, type composed and printed by PLY.

146 24×16

a.PLY. b.各148×105mm c.各3色
f.PLY g.使用組版系統構圖。3種明
信片分別為3階段。圖形的大小、
配色與空間排列暗示著由版組衍生
出的多元風貌。

PLY.
訪問新保美沙子

A1.受到了印刷呈現出來的樣
貌與使用活字組版的刺激。
A2.可以透過自己的手,來表
達印刷的強弱。A3.常常以耳
朵傾聽活版印刷系統,並勇
於在被指定的條件中多方嘗
試。

> ## ズアン課
> Zuanka

> ### 組合、架構、佈局
> 活字的設計

以「圖案」為主題，圖像及網站設計都親手操刀的スズキチヒロ所創立的設計課。以使用活字設計為畢生職志。

zuan-ka.com

147「支援活動を支援する」活版印刷葉書（上）2013年 年賀 （下）

a.ズアン課 b.100×148mm／（上）bunpel（下）ST COVER f.印刷・組版：中村活字、佐佐木活字店 g.將現成的花型活字組合成一個圖案來印刷。

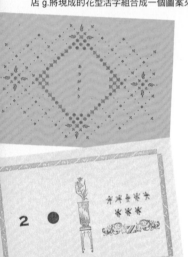

148 otegami
Ogenkidesuka 卡片

a.ズアン課 b.154×96mm／紙板、NTrasha c.單色 e.各200張 f.佐佐木活字店 g.使用多種裝飾線框與英文活字字體。

149 活版數字・名片整理盒

a.ズアン課 b. w62×h60×d101mm／紙板 c.單色 f.印刷：ズアン課、盒子：竹內紙器製作所 g.想讓人了解外國木活字的字體大小與樂趣而混用多種字體設計。

ズアン課
訪問スズキチヒロ

A1.宮澤賢治的《春與修羅》一書使用活版印刷印製序文，被書面的美麗所吸引。A2.活字、工具＆機械的美，以及印刷師父的優秀。A3.活用現有的字體與活版印刷特有的工具。

其他刊登作品→ 72

08

つるぎ堂
Tsurugido

> 諷刺意外的很有效果
> 搭配上懷舊風的主題圖案

以俄羅斯娃娃或是羊駝等復古又帶有一臉哀愁的圖案為主題，製作活版印刷紙雜貨。目前在各大講座活躍中。

tsurugido.dtiblog.com

150 木芥子卡片
a.多田陽平（つるぎ堂） b.卡片：148×80mm、信封：165×92mm c.卡片：3色、信封：單色 d.輪廓打凹 f.つるぎ堂 g.可以自己畫上能配合想要傳達訊息的臉，也可以沿著輪廓打凹處剪下使用。

152 孤單一人的練習本
a.多田陽平（つるぎ堂）b.A6變形 c.單色 d.騎馬釘 f.つるぎ堂 g.「來提升孤單一人的力量吧！」以此概念命名，並使用復古風標題文字。

151 羊駝紙牌
a.多田陽平（つるぎ堂）b.91×55mm c.讀札・繪札：2色、信封：單色 d.上蠟 f.つるぎ堂 g.紙牌讀札上的話語跟一張一張上蠟的信封的觸感。

つるぎ堂
訪問多田陽平

A1因為老家原本就是從事活版印刷，因此不知不覺中就踏入這行。A2墨水、活字與凸版的質感及即將失傳的魅力。A3.選紙、印刷範圍及線條的粗細等。

其他刊登作品→ 100

> ## Tokyo Pear
> トウキョウペアー

> 在美國西岸廣受好評，
> 向日本傳送活版印刷

在西雅圖相遇的Darren・Smith
跟Smith・惠梨子所開設的活版
印刷工作室。以充滿國際化的風
格與有效運用印壓的設計著稱。

www.tokyopear.com

⑮ Dala Horse Christmas Card

a.Tokyo Pear
b.90×125mm／
crane lettra c.2色
e.500張 f. Tokyo
Pear g.組合達拉木
馬與手寫字體，以
復古包裝紙為形象
製作。

⑯ Royal Swan Postcard

a. Tokyo Pear b.148×100mm／特
厚棉紙 c.單色 e.500張 f.Tokyo Pear
g.受到北歐的設計啟發而製作。

⑭ 森林動物系列紅包袋

a. Tokyo Pear b.100×65mm／araveal
c.3色e.各200張 f. Tokyo Pear g.用狐狸獻
上藍莓、兔子獻上紅蘿蔔及熊獻上了魚的
插畫表現出宛如童話繪本般的視野。

訪問Tokyo Pear Smith・惠梨子
A1.被古老技術所衍生出時尚且繽紛的表現力
感到震驚。A2墨水的延展性、印壓的巧妙變
化以及溫暖的風情等。A3.特別色墨水與紙張
的搭配性、漏白等印刷流程。

---

10 > あちらべ
Achirabe

Creator's file

> 來去於各處間
架起人與設計間的橋樑

由赤羽大與宇田祐一所組成的設計團隊。以設計為主軸，不論是以牽起人與物間羈絆為主題的企劃指導還是講座等都廣泛參與。

www.achirabe.com

⑮ 包裝紙
a. あちらべ b.duostress、firstvintage c.各單色 e.200張 f. あちらべ g.舉辦包裝紙講座時製作的原創包裝紙。使用紙來製作印刷版原型，一張張挪動印刷。

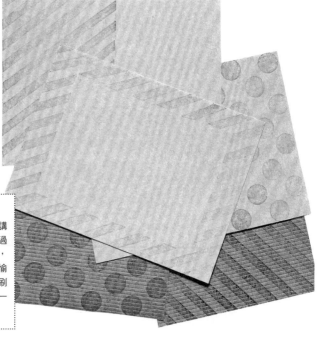

訪問あちらべ的赤羽大
A1.參加了活版印刷的相關講座。A2靠雙手組合物質的過程以及與印刷師傅間的交流，沒有什麼比這個更令人心情愉快的了。A3.不要把活版印刷當做是目的，而是把它當作一種印刷、表現的手段。

其他刊登作品→ 24 43 52 89

⑯ 喜帖
a.あちらべ b.手工紙盒：130×130mm、印刷品：120×120〜180mm／NTrasha（紅、黃、綠、藍、白）c.單色 d.軋形 e.200組 f.印刷：あちらべ 盒子：竹內紙器製作所 g.以贈送給喜宴賓客DVD的尺寸為基準，將婚禮使用的紙類工具全部做成零件。

⑯ MOJIMOJI — letter set —
a.あちらべ b.盒子：110×200mm、便籤：85×182mm／deepmatte c.2色 d.打凹 f.印刷：佐佐木活字店、盒子：竹內紙器製作所 g.把打凹的文字一個一個著色上它浮現，以這樣的方式來表現活版印刷所花費「功夫」與「時間」的魅力。

11
Creator's file

> # botaniko press
ボタニコプレス

> ## 宛如翻開古老圖鑑般
植物學藝術

插畫家宗則和子所創立以植物為主題的紙類商品品牌。2011年起開始將活版印刷應用於作品製作中。

www.botanikopress.com

 聖誕玫瑰 感謝卡（上）

a.宗則和子（botaniko press）
b.105×155mm／halfair c.單色 f.
botaniko press g.特意想要營造出像是
歐洲古典壁紙般的感覺。

160
a.宗則和子（botaniko press）b.便
籤：210×148mm／新奉書風、信
封：114×162mm／halftorn color
c.單色 f. botaniko press g.表現出金銀
花自然蔓延的感覺。

botaniko press 訪問宗則和子

A1.一面使用家用網版印刷機
（Print Gocco）製作，一面探索
更正統的印刷方式時，接觸到活
版印刷。 A2.自己所畫的素描可
以自己動手印刷的樂趣。 A3.把
活版印刷的植物們設計成像是禮
物般的感覺。

その他の 載物→

161 感謝卡
薰衣草（上）
香草（下）

a.宗則和子（botaniko
press）b.75x105mm／棉紙
c.2色 f. botaniko press g.採
用真實植物的素描圖案。希
望將植物增添於傳送訊息的
心意之中。

日星鑄字行．走入鉛字的世界

我出生的年代，已是中文打字系統的年代，鉛字大多用於
排版而非直接用於印刷，對於閱讀時能夠撫觸文字凹痕的
年代並沒有參與到。而90年代電腦排版的盛行，更是讓鉛
字活字印刷完全的消失在我的世界裡，所以一直以來，都
「沒意識」到鉛字的存在，直到我撞進了日星鑄字行，
才徹底「醒」了過來。

太原路97巷，看起來與一般老舊巷道般平常，但拉開13號
的鐵捲門後，才發現裡頭竟是一座活的博物館，藏了一個
時光的祕密……

◎採訪撰文・攝影／Kristen

　　密密麻麻的鉛字組成一支龐大的隊伍，黑壓壓的成排成片，無聲卻很有重量的讓人倒抽一口氣。這種直撲心頭的震撼，除了有驚豔、驚喜的成份外，那種時空錯置之感，最讓人瞠目結舌。鑄字行是活版印刷的第一站，鑄字、撿字等前置作業都在這裡進行。在鉛字活版印刷式微後，鑄字行一間間倒閉歇業，而「日星鑄字行」是目前北台灣碩果僅存的一間，相當珍貴的文化資產。

　　目前「日星鑄字行」裡保存有楷、宋、黑等三種中文字體，每種字體都有七種大小（初號到六號）、一萬多字。算一算，就有二、三十萬種字型。如果每一種字型，留有六個庫存，那麼廠內就高達有一百五十萬個鉛字，數量實在很驚人，而這些還不包含數字、英文與標點符號呢！

　　大多數的鑄字機面臨了報廢銷毀的命運，少部分幸運的進入了博物館收藏，而這裡的鑄字機依舊發出「慶恰、慶恰」的運轉聲，鑄造出一個個字型優美的鉛字。

有些鉛字很小，需借助放大鏡才有辦法仔細檢視。

鑄好的鉛字會依照鑄字行自有的排列規範置於鉛字櫃中儲存。由檢字工人挑出需要的文字與標點符號，再將這些鉛字送去排版。

有著四十年歷史的「日星鑄字行」，是由負責人張介冠與父親一起創立，原本是要開設印刷廠的，卻陰錯陽差開起了鑄字行，從事專業的鉛字鑄造。在最鼎盛時期，不算大的鑄字行裡，還曾高達三十多個工作人員呢！

鑄字行早已無利可圖，但張老闆卻捨不得關閉這個蘊藏著文化意義的地方。為了保留這批珍貴的傳統鉛字，他與「蘑菇」的張嘉行，透過網路發起「日星復刻計畫」，募集一群義工進行字模數位化的工作。

鉛字一旦不小心落地就必須銷
毀，以防有任何細微的缺角，而毀損
的鉛字可以重新熔合再製出新的鉛
字。目前「日星鑄字行」內藏有三十
萬個手工打造的鑄字銅模，這套字模
的字型結構優美細緻，且極有可能是
華人文化裡唯一一套完整保存下來的
正體中文字模。

鉛字與木製檢字盒

中文字每一個字都有其淵源與意涵，而其形體之美也非現今的電腦字體能夠比擬，張老闆指著這四張「互」字解釋著。以「互」這個字來說，把「互」橫放，是不是就像兩個手掌上下交扣的動作？這個動作就有著兩個人互相、互助之意，而不管怎麼互助，兩個人還是獨立的個體，互保有自己的穩私與空間。而左右兩張電腦「互」字，侵入了彼此的身體（紅框部份），失去對彼此的尊重，也喪失了「互」字所蘊含的文化精神。

註：中間那二張「互」字，是將廠內的鉛字影印放大、掃描、修邊、描繪後，而製成的數位檔。

日星鑄字行的名片上印著「昔字。惜字。習字」，我想走訪過這裡的人，應該都會和我一樣，能夠感受到那鉛字所落下的重量吧！

【日星鑄字行】

網　　址：http://rixingtypography.blogspot.com/
地　　址：台北市太原路97巷13號
電　　話：(02) 2556–4626

活版又被解釋為「可以活動的版」「有生命的版」，正如同其名稱般，令我們著迷不已的不僅只是刻劃在紙張上美麗的文字或線條，而是版的生命力及留下的軌跡讓人有所感觸不是嗎？

雖然沒有形體的「檔案」十分便利，但經由人們雙手製作出來的東西、可以觸碰到的東西以及延續下來的東西，才能讓人確實感受到活版印刷是有生命的。

希望本書能夠成為您使用活版印刷製作印刷品的小小契機。

也希望活版印刷機、印刷廠、活字及工具、印刷師傅們能夠一直存在於這個城市。

今天活版印刷機也忙碌辛勤的工作著，故事將繼續下去。

手紙社

手作 良品 28

活版印刷の書
凹凸手感的復古魅力

....

作　　　者／手紙社
攝 影 師／增田智泰
譯　　　者／周欣芃
發 行 人／詹慶和
總 編 輯／蔡麗玲
執行編輯／白宜平
編　　　輯／蔡毓玲・劉蕙寧・黃璟安・陳姿伶・李佳穎
執行美編／陳麗娜・翟秀美
美術編輯／李盈儀・周盈汝
出 版 者／良品文化館
戶　　　名／雅書堂文化事業有限公司
郵撥帳號／18225950 戶名：雅書堂文化事業有限公司
地　　　址／新北市板橋區板新路206號3樓
電　　　話／(02)8952-4078　傳　　真／(02)8952-4084
網　　　址／www.elegantbooks.com.tw
電子郵件／elegant.books@msa.hinet.net

....

2014年11月初版一刷　定價／350元

....

BOOK OF LETTERPRESS

©2013 Tegamisya

©2013 Graphic-sha Publishing Co., Ltd.

This book was first designed and published in Japan in 2013 by Graphic-sha Publishing Co., Ltd.

This Complex Chinese edition was published in 2014 by ElegantBooks..

....

總 經 銷／朝日文化事業有限公司
進退貨地址／235新北市中和區橋安街15巷1號7樓
TEL：02-2249-7714　　FAX：02-2249-8715

....

國家圖書館出版品預行編目資料

活版印刷の書：凹凸手感的復古魅力 ／手
紙社著；周欣芃譯.-- 初版.-- 新北市：良
品文化館出版：雅書堂文化發行, 2012.11
面；　公分.--（手作良品；28）
ISBN 978-986-5724-21-4（平裝）
1.活字印刷術 2.凸版印刷

477.2　　　　　　　　　103017270

STAFF

設計　　　　山本洋介（MOUNTAIN BOOK DESIG.
排版　　　　コントヨコ
攝影　　　　增田智泰
合作　　　　啓文社印刷工業
書封插畫　　西 淑
封面插畫　　川島枝梨花
插畫　　　　柴田ケイコ
文案編輯　　增田知沙
　　　　　　藤枝大裕・市川史織・
　　　　　　柿本康史（手紙社）
執行編輯　　宮後優子

【參考文獻】
『日本印刷技術史』中根勝著 八木書店出版
『圖解 活版印刷技術手冊』森 啓等人合著
女子美術大學出版

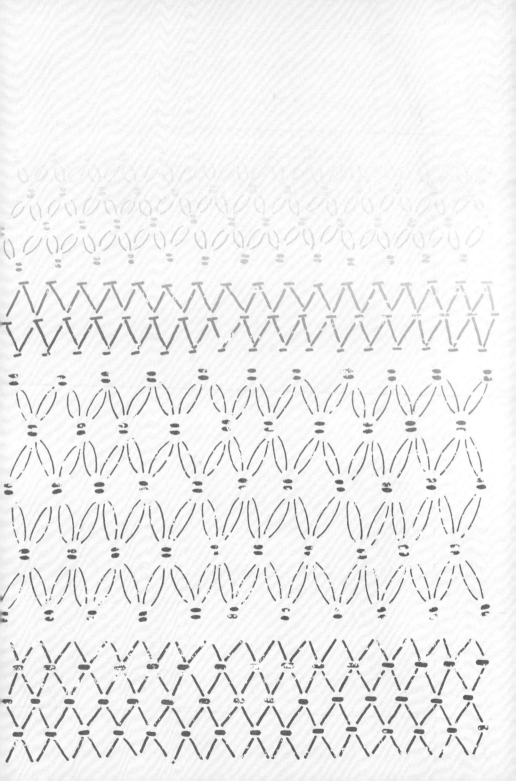

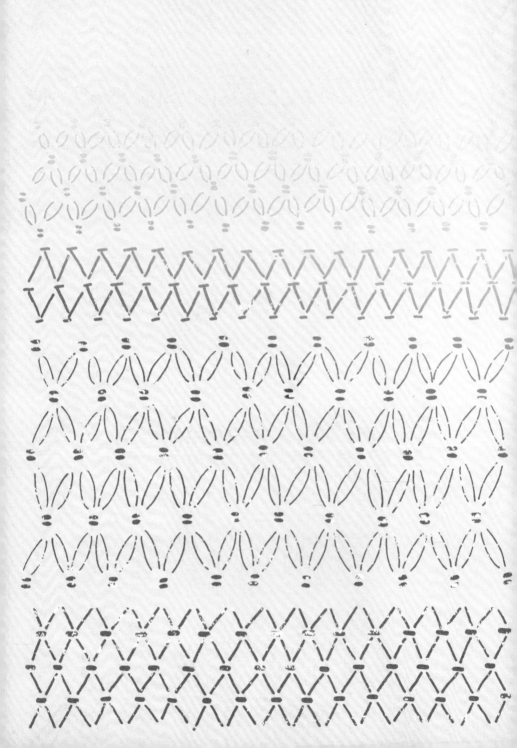

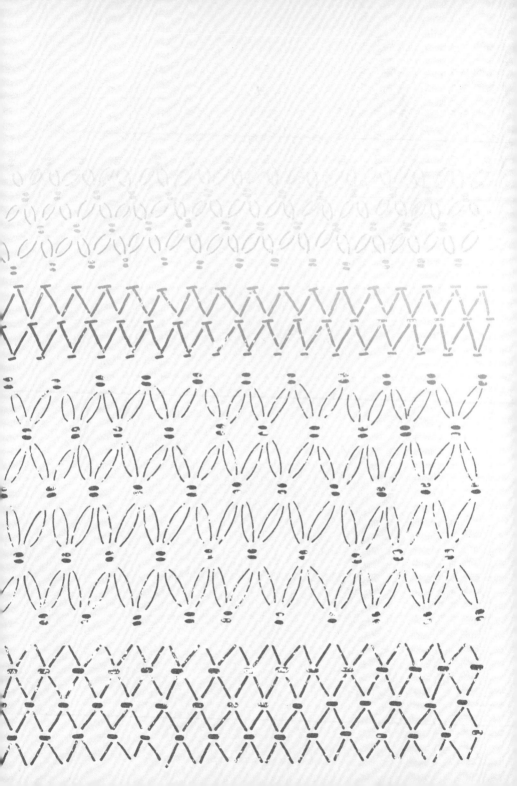

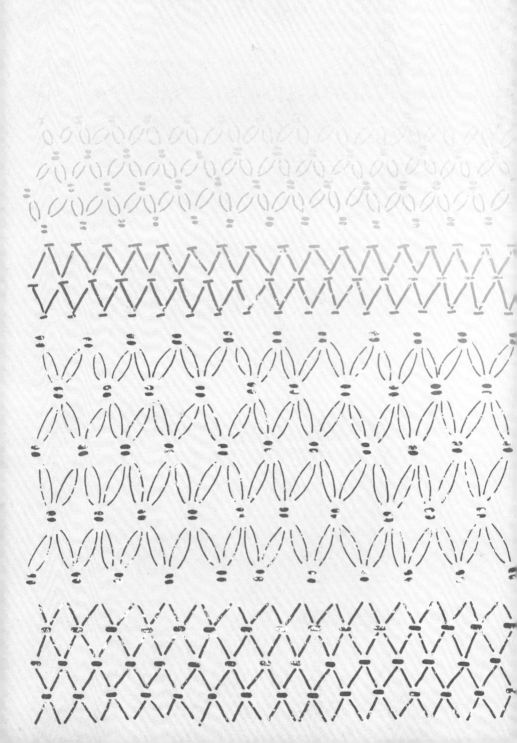